· 我的数学第一名系列 ·

[意]安娜·伽拉佐利 著
[意]阿勒格拉·阿利阿尔蒂 绘
王筱青 译

和毕达哥拉斯一起过暑假

中信出版集团 | 北京

图书在版编目（CIP）数据

和毕达哥拉斯一起过暑假 /（意）安娜·伽拉佐利著；
（意）阿勒格拉·阿利阿尔蒂绘；王筱青译 . -- 北京：
中信出版社，2024.10. --（我的数学第一名系列）.
ISBN 978-7-5217-6766-7

Ⅰ . O1-49

中国国家版本馆 CIP 数据核字第 2024SH2578 号

VACANZE MATEMATICHE

© Giangiacomo Feltrinelli Editore Milano Prima edizione in "Feltrinelli Kids" maggio 2021

The simplified Chinese characters edition is published in arrangement with NIU NIU Culture Ltd

Simplified Chinese translation copyright © 2024 by CITIC Press Corporation

ALL RIGHTS RESERVED

和毕达哥拉斯一起过暑假

（我的数学第一名系列）

著　　者：[意]安娜·伽拉佐利
绘　　者：[意]阿勒格拉·阿利阿尔蒂
译　　者：王筱青
出版发行：中信出版集团股份有限公司
　　　　　（北京市朝阳区东三环北路27号嘉铭中心　邮编　100020）
承 印 者：北京利丰雅高长城印刷有限公司

开　　本：660mm×970mm　1/16　　印　　张：9.75　　字　　数：90千字
版　　次：2024年10月第1版　　　　印　　次：2024年10月第1次印刷
京权图字：01-2020-0163　　　　　　审 图 号：GS京（2024）0638号（本文插图系原文插图）
书　　号：ISBN 978-7-5217-6766-7
定　　价：33.00元

献给弗兰切斯科

目 录

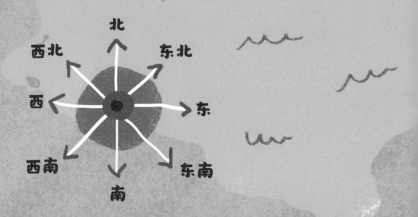

= 大希腊

罗马

那不勒斯

克罗托内

锡拉库萨

奥林匹

北

西北　东北

西　东

西南　东南

南

马拉松

雅典

斯巴达

萨摩斯岛

米利都

亚历山大港

一个难忘的假期

我叫比安卡，今年13岁，比我弟弟大3岁。我弟弟叫安德烈亚，是一个捣蛋鬼。他长大以后想当一名探险家。他一刻都静不下来，对什么都充满好奇，总是到处跑来跑去，只有在读关于冒险的书籍时才能坐下来一会儿。这几天他参加了很多海上活动，高兴得不得了，因为爸爸妈妈同意让他带朋友迭戈一起来度假。迭戈就是在狂欢节上跟他一起扮海盗的那个男孩。

当妈妈告诉我们，要带我们去一座希腊小岛上玩4个星期的时候，我和安德烈亚都激动地跳了起来。我们不太了解希腊，但"小岛"一词足以让我们浮想联翩：海滩上铺满了可以用来做项链的贝壳，以及可以让我们堆城堡和挖隧道的沙子，我们会戴着潜水面罩和脚蹼畅游在蔚蓝的大海中……总之，就像诗歌中描绘的那样。（我会把这句话直接写进我的假期作文里！）当时我们完全无法预料等待我们的是怎样的冒险，简直就像电影里的情节……真的没有夸张！我全都写在日记里了，现在就讲给你们听。在很久很久以前，世界上最著名的数学家就生活在我们要去的那个岛——萨摩斯岛上。他的名字叫毕达哥拉斯。其实在我还小的时候，我就在迪士尼的米老鼠动画片里认识了叫毕达哥拉斯的卡通角色。

我们坐着清晨的渡轮到了岛上。因为太早出发，爸爸妈妈不得不把两个"小海盗"直接从床上拉起来。迎接我们的是一群吵吵嚷嚷的海鸥，有一只小的一点也不怕人，甚至还跑到我脚边啄面包屑。

房东为了欢迎我们，特意准备了好吃的点心。她还特别叮嘱我们：首先，不要打扰住在楼上的其他游客；其次，也是最最重要的，绝对不要单独去连接小岛两端的古代引水隧道里探险。至于后面这条，当我看到那两个家伙交换眼神，我就知道，这位可怜的女士说的话完全起到了反作用……

我们收拾好行李，马上就跑去看海了。真是太美了！还有那么广阔的沙滩！我们几个小孩一丁点儿时间都没浪费，没抹防晒霜，也没穿脚蹼，就这么直接冲过去，跳进了海里。

假期的第一天我们就和一位先生交上了朋友。他年轻的时候在意大利留过学，所以意大利语讲得很好。爸爸妈妈也一直在棕榈叶搭建的凉棚里和他聊天。

第二天早上

第二天早上，那位先生又来了，仍旧坐在棕榈叶搭成的凉棚下，仿佛没离开过，跟他一起的还有他的女儿索菲亚。她跟我一样大，意大利语也说得很好。他们还把正在吃的面包片抹上蜂蜜分了一些给我们。（迭戈特别馋，根本不需要别人邀请他第二次……）

跟我想的一样，索菲亚的学校是以毕达哥拉斯命名的（我的学校是以但丁·阿利吉耶里①命名的，弟弟的学校是以亚历山达罗·孟佐尼②命名的）。这所学校在每年的 3 月 14 日都会举行一场盛大的数学大会（这里的学生真是太幸福了！）。

索菲亚正在为明年的数学大会做准备，她设计了一些特殊的正方形，比如下面这个，她把它叫作"幻方"。

①意大利中世纪诗人，以史诗《神曲》留名于世。
②意大利著名作家，代表作有《约婚夫妇》等。

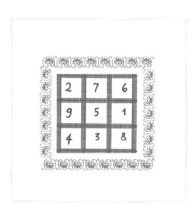

　　想知道它的特殊之处，你可以把每一行的 3 个数相加，看看得到的和是多少。

　　之后，再把每一列的 3 个数相加，以及每条对角线上的 3 个数相加。看到了吗？结果都是 15。这是数学，不是魔法！

　　索菲亚想制作很多不同的幻方，再把它们装饰一下，送给沙滩上的游客。作为回报，她希望游客能捐出一点点钱，用来资助数学大会。她是因为一个来自中国古代的传说才想到这个主意的，在那个传说中，人们会把乌龟壳上的奇怪图案当作护身符。

她还在一些幻方里留出了空格，这样幻方就变成了一道题，比如下面这个。

安德烈亚立刻让索菲亚把诀窍告诉他，他想自己编一些题，再跟迭戈一起制作幻方，卖给学校的同学们。（看看他俩！这都不是募捐了，是做生意！）

索菲亚同意了，条件是他们必须把方块里缺的数都填上（答案见 p139）。

他们倒是很自信，爽快地接受了这个条件，然后开始思考。但想来想去，完全找不到解法，试了几次以后，他们就不得不放弃了。我也试了，结果还是一样，连每一行、每一列、每条对角线上的数相加的和是多少都不知道。这段友谊的开头实在是太糟糕了，我心里想。但索菲亚没有让我们难堪，她马上解释道："我们要求得的总和叫作幻和，诀窍在于，它是最中间的数字的 3 倍。这样一来就简单了，我们这个幻方的幻和是 6×3=18。"

知道了窍门后，安德烈亚和迭戈马上就在 5 和 9 的中间写上了 4，不一会儿，他们就把所有的空格都填上了。最后，我们发现这个幻方是由 2 到 10 之间所有的整数组成的，你可以检查一下。

"快教教我们是怎么设计出来的！"迭戈催促道。

"等明天我们下过海后，我就来给你们上一堂幻方课。"索菲亚骄傲地回答道。

晚饭时，安德烈亚和迭戈像小老师一样，把题目出给爸爸妈妈做。爸爸妈妈也失败了。但是妈妈突然想起一件事：意大利会计师的标志里就有一个幻方，而它的幻和等于 15。

最后，弟弟装作一副很有学问的样子，把解题方法告诉了爸爸妈妈。

第三天

今天浪很大，所以我们没有下海。但我们依然很开心，因为我们跟索菲亚一起，用沙子堆了一个城堡。不是我吹牛，我们的城堡是这片沙滩上……不，是这座岛上最棒的。我们还成功地给它搭了一座吊桥！最后，为了让作品更加完美，我们又用各种各样的贝壳做了装饰。

等我们回到棚子下乘凉时，索菲亚终于开始教我们怎么设计幻方。安德烈亚和迭戈听得特别认真，俨然一副幻方商人的模样。

方法是这样的：选取九个连续的数，像下面这样，然后画3个箭头：

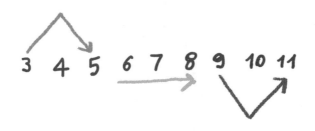

沿着箭头的方向，把数字填进方块里：

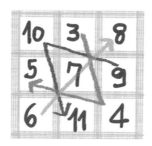

检查一下，看看它的幻和是不是 21，也就是中间的数 7 的 3 倍。先设计几个幻方，然后去掉其中的一些数字，题目就出好了。

两个"小海盗"完全掌握了诀窍，马上各自设计了一个幻方。就在他们琢磨要怎么做生意（比如"买一赠一"）的时候，我试着解开了几个索菲亚设计的幻方。不是我不谦虚，我一秒钟就解出来了！

但是，另外那几个中间的数空着的幻方，我就不知道该怎么解了（答案见 p139）。

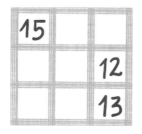

索菲亚又特别耐心地把它们的解法告诉了我：想知道中间的数，需要算出对角上的两个数的平均值，也就是说，将它们相加并除以 2。

所以，第一个幻方中间的数是 14，第二个是 19。于是这些幻方也被我解出来了！你也来试试吧，真的很有成就感！

这时海面已经平静下来了，我们决定下海游泳。就在我们冲向大海的时候，总是喜欢跟别人对着干的迭戈挑衅地问道："要是每一行、每一列以及对角线上的数相加得到的和都不一样呢？"扑通一声，我们全都跳进了海里！

在海里游泳真是太棒了，我们打水仗，玩得十分尽兴，还跳了很多次水。上岸后，索菲亚向我们展示了"魔鬼幻方"——我们决定这么叫它，就是每一行、每一列以及对角线上的数相加得到的和各不相同的幻方。下面这个就是由整数 1 到 9 组成的魔鬼幻方。你可以试着加一下！

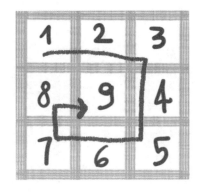

毕达哥拉斯学校的
入学仪式

索菲亚想成为一名研究毕达哥拉斯的学者。这可能是因为她学校的老师总给他们布置作业，让他们搜集关于这位数学家的资料：他出生在哪里，在哪里生活过，做过什么，等等。关于毕达哥拉斯的事，她什么都知道……好吧，也许并不是全都知道，但足以让她在学校取得好成绩了。她数学总是得满分，每年还会参加国际竞赛。她知道毕达哥拉斯离开萨摩斯岛后，搬到了意大利的克罗托内市，于是她决定以后来意大利找我们，再一起去克罗托内市参观。

2500 年前，在毕达哥拉斯生活的年代，有很多希腊人到达意大利的南部，在那里建立了一些城市，作为葡萄酒和橄榄油贸易的基地。这个我早就知道了，学校的老师给我们讲过大希腊的历史。大希腊就是古希腊殖民地的统称。就连那不勒斯市的名字 Napoli（我们还有个朋友住在那儿）也来自希腊语中的 nea polis，意思是新的城市。

古希腊人真的很厉害！索菲亚为自己的祖国感到骄傲，说古希腊人不仅为我们带来了葡萄酒和橄榄油，还为我们带来了民主、政治和哲学等。这些名词也的确都来自古希腊语。

我们在沙滩上的时候，索菲亚的一名同学刚好路过，她大声喊他："安德烈亚斯，安德烈亚斯！"他走过来，听说我弟弟叫安德烈亚，马上跟弟弟握了手。索菲亚解释说，我弟弟和她同学的名字在希腊语里的意思是"勇敢的人"。"小海盗"听了这话别提有多得意了！他立即张开双臂向四周致敬，仿佛周围有观众在为他喝彩。

索菲亚想让安德烈亚斯给我们讲一些关于毕达哥拉斯的事，但他不会说意大利语，于是他从岸边捡了一些小石子，把它们排成了下面的样子。他把 10 个石子按 1 颗、2 颗、3 颗、4 颗的顺序摆成 4 排，形成一个三角形。

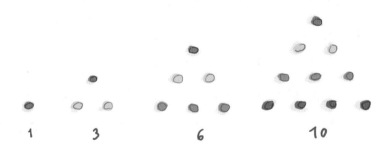

最后，他大声说道："Tetractys（四象）！"

"Tetra 的意思是 4，"索菲亚说，"这个三角形由 10 个石子组成，每条边上都有 4 个石子，所以叫作四象。在那个年代，人们没有可以写字的黑板和纸，毕达哥拉斯教数学的时候就用石子表示数字，在沙滩上写写画画。毕达哥拉斯学派的纹章就是由四象和五角星组成的。他的追随者们在加入他开办的学校时会把手放到这个标志上，宣誓遵守学校的规章制度。他们还宣誓称，自己会成为数学之友！"

听到这里，安德烈亚提议我们也成立一个效忠四象的协会，协会的名字就叫"大海之友"，目的是尽可能多地下海游泳，努力发掘海底的秘密。

大家都同意了。为了遵守我们许下的承诺，索菲亚提议再下海游一次。

没准儿我们能坐船出海呢！

游完泳后，安德烈亚斯被他的爸爸叫走了。他们有一艘渔船，放假的时候，他会和爸爸一起出海捕鱼。他答应会问问爸爸能不能带我们一起出海，在假期结束前的某一天开船带我们沿海岸线转一圈。如果可以的话就太好了，希望他的爸爸能同意。

就在我们打算说再见的时候，索菲亚突然有了个好主意，于是喊道："大家到棚子里来，我们可以出一道新的题！"

她先给我们详细讲解了一下："仔细看安德烈亚斯摆的这些小石子，一定数目的小石子可以等距离排列成一个等边三角形，所以像1、3、6、10这样的数就被叫作三角形数。我们还可以在下面继续添加石子，得到更大的三角形数。看，如果我再加 5 个石子，就得到了三角形数 15，你们数一数：

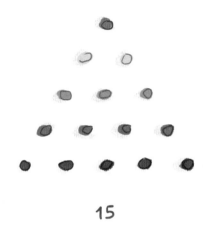

15

"我们可以这样无穷无尽地加下去，每次都加上相邻的下一个整数：先是 6，再是 7，然后是 8……老师告诉我们，18 世纪，伟大的数学家卡尔·弗里德里希·高斯在年轻的时候就发现了一条举世闻名的定理。他把这个发现写在了他的日记中，他是这么写的：

$$Eureka!\ Num = \triangle + \triangle + \triangle.$$

"他写的时候用了暗语，这样就没人知道这条定理说的是什么了。直到后来，人们才弄懂他的意思：

我发现了！任意正整数都可以写成 最多 3 个三角形数的和！

"每一个正整数、任何一个正整数都可以！明白了吗？这个发现真是太厉害了！

"所以，我们马上就可以给数学大会的比赛设计一道新题，"索菲亚说，"把 1 至 25 的每个整数都用三角形数 1、3、6、10、15 的和的形式表示出来，最多只能用其中的 3 个数，这些数可以相同，也可以不同。"

$$9 = 6 + 3$$
$$17 = 1 + 6 + 10$$
$$21 = 6 + 15$$

安德烈亚和迭戈立即比赛写了起来。不到一会儿，他们就全都写出来了。于是，大家一致通过了这道题。你也来试试吧！

英明的泰勒斯

　　爸爸妈妈不仅享受在海边的时光，还喜欢去远足，因为可以领略古希腊的美。昨天，我们在沙滩上玩石子的时候，他们参观了米利都遗址，就在萨摩斯岛对面的海岸附近。现在那里属于土耳其，但它过去曾是一座非常重要的希腊城市。

　　一个非凡的人曾经在那里生活过，他就是古希腊七贤之一的泰勒斯。陪爸爸妈妈去参观遗迹的向导说，泰勒斯是世界上第一位哲学家——哲学家就是想要了解一切事情发生的原因的人。2500 年前，人们还没有发现原子，哲学家们正努力尝试揭开事物构成的秘密。原子这个词在希腊语里的意思是"不能分割"，也就是构成一切事物的最小单元。现在我们知道，原子也是可分的，它由一些更小的粒子组成，但人们依然这么称呼它。

　　索菲亚写了一个关于毕达哥拉斯的剧本，她想在数学大会上表演。其中有一段讲的是毕达哥拉斯找到了泰勒斯（泰勒斯年纪比他大），然后对他说："老师，数字构成了万物，是的，就是数字！对我来说，所有的一切都是数字！"

泰勒斯对他说："年轻的毕达哥拉斯，你的想法很好。但数的比例关系也许比数字本身更加重要。我在埃及的时候，曾利用数的比例关系测量胡夫金字塔的高度。结果非常成功，法老也很惊讶。事情的经过是这样的：我发现有时候我的拐杖的影子和拐杖一样长，于是我有了一个让包括我自己在内的所有人都大为惊讶的想法，那就是当我的拐杖的影子与拐杖等长的时候，金字塔影子的长度也应该跟金字塔的高度相当。当时所有的人都鸦雀无声地等待我得出结论，我高兴地宣布：'拉绳子的测量员们，我需要你们的帮助。请量一下金字塔影子的长度，就能得到你们想要的那个伟大的数字！'亲爱的毕达哥拉斯，看到了吗？比起分别测量拐杖的高度和它影子的长度，我更需要知道这二者的比例关系，而它们的比例是1∶1。而在日落时分，拐杖的影子会变得更长，假如影子的长度是拐杖高度的两倍，那么就需要把金字塔影子的长度减去一半，才能得到金字塔的高度。"

索菲亚决定，演出的时候由安德烈亚斯扮演泰勒斯，她来演毕达哥拉斯。这一点儿都不难，因为毕达哥拉斯可是她的偶像！

我们又下海游了两次泳，在水里玩了很久，还和昨天刚到的德国小孩们一起打了会儿排球。

收入和支出

回到公寓后，我们又累又饿，却很开心。假期刚开始的这几天，爸爸妈妈不想让我们一直待在海边，所以我们决定下午晚点再去。

吃完美味的三明治和很多水果后，我们几个孩子就在露台上设计要带给索菲亚的幻方。

我突然有了个好主意：我们可以用特别的数来制造幻方！

事情是这样的：因为安德烈亚和迭戈想做生意，我就问他们是否知道怎么计算收入和支出。

他们含含糊糊地说："希望我们只挣钱，不花钱。"我明白了。他们还不错，能理解正负数的概念，比如温度计上表示零上和零下温度的数：

... -4 -3 -2 -1 0 +1 +2 +3 +4 ...

他们还会计算收入和支出的总和。迭戈马上举了两个例子：如果你挣了 2 欧元又花了 7 欧元，那么你总共欠了 5 欧元的债；

$$+2 \ -7 \ = \ -5 （欧元）$$

或者你有一项 4 欧元的支出和一项 2 欧元的支出，但你还有一笔 12 欧元的收入，那么，你的总收入就是 6 欧元。

$$-4 \ -2 \ +12 \ = \ +6 （欧元）$$

看到他们这么厉害，我就想把正负数也加到幻方里。为了帮助他们理解，我告诉他们，欠款的 3 倍依然是欠款，也就是说，-2 的 3 倍是 -6。所以，这个幻方的幻和是 -6，幻方里的数就是从 -6 到 +2 之间的 9 个数。你也试着加一下吧，

+1	-6	-1
-4	-2	0
-3	+2	-5

你会发现它们的和总是 –6。

他们两人很喜欢这样的幻方，还说这种幻方更难，等级更高，所以它们的价格应该是普通幻方的 2 倍。

回到海滩后，我们给索菲亚展示了这些幻方。她很高兴，立马又出了一道题。

你也来试着解一下吧，其实它并不像看上去那么难！（答案见 p141）

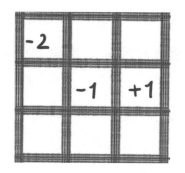

单品立减 10%
潜水面罩：
18 欧元
脚蹼：12 欧元
泳衣：7 欧元

同时购买两件商品，
可享受以下优惠
潜水面罩和脚蹼：
24 欧元
潜水面罩和泳衣：
21 欧元
脚蹼和泳衣：
15 欧元

新潜水面罩和脚蹼

安德烈亚斯的爸爸同意带我们出海参观海岩洞，它在萨摩斯岛对面的一个小岛上。我们决定今天下午给迭戈买副新的潜水面罩和脚蹼，他原来的那副已经变得破破烂烂。用水手的话说，为了保证安全，需要配置"合适的装备"。

如今我们干什么都在一起，大家都默认自己是团队的一员。这段时间"我们的海"航海用品商店正在打折，迭戈觉得这是换新泳衣的好机会。

以下商品立减 10%

潜水面罩：18 欧元　　脚蹼：12 欧元　　泳衣：7 欧元

同时购买两件商品，可享受以下优惠

潜水面罩和脚蹼：24 欧元

潜水面罩和泳衣：21 欧元

脚蹼和泳衣：15 欧元

　　他算了一下，最后决定买潜水面罩和脚蹼的优惠套装，再加上泳衣，因为这样最划算。你同意吗？迭戈需要花多少钱呢？（答案见 p141）

　　安德烈亚斯说，他爸爸明天要带我们去的那个小岛，离我们的海滩有 5 海里远。

　　"你们知道 1 海里是多少米吗？"索菲亚问。话音刚落，优秀的"小海盗"安德烈亚马上答道："是 1852 米！乘以 5 就是……就是 9260 米，也就是陆地上的 9000 多米。"不得不说，我很为弟弟的心算速度感到骄傲。他在这方面很厉害，会用自己的方法心算，而且很快就能得出结果。要把某个数乘以 5 他会这样做：先把它乘以 10，也就是在个位后加个 0，然后除以 2，这样马上就能得到结果，特别简单。这是有一天他心情特别好的时候告诉我的。

探索海洋

安德烈亚斯的爸爸叫米奇斯，他很小的时候就学会捕鱼了，因为他的爸爸也是渔夫。他了解一切与海洋和鱼有关的事。他的船身上写着这么一句话："风暴会认出优秀的水手。"索菲亚把它翻译成了意大利语，两个"小海盗"听到之后，把这句格言重复了无数遍。

米奇斯扶我们上了船，让我们一个一个地分坐在船的左右两侧，这样船身就能保持平衡。他启动了发动机，只见船笔直地向前方的小岛驶去，在我们身后留下了一条白色的波痕。我们都很兴奋。安德烈亚斯用船长的口气告诉我们，船正在以10节的速度前进，弟弟很满意地点了点头，一副什么都懂的样子。

突然间，有人叫了起来："海豚，那里有一头海豚！"没错，它们就在我们的身后，还不止一头——有两大一小共3头海豚，正开心地在小船掀起的浪花中跳跃着。它们美丽极了，这一幕会永远印在我的脑海里！索菲亚立即拿起相机，将它们的身影永久保存了下来，还不忘赞美这片海洋："海豚只会在干净的海里游泳！"

惊喜还没有结束，我们前面突然出现了一群沙丁鱼！它们全身闪烁着银光，飞快地游着，有的还跃出了水面。这里简直就是人间天堂，不，是海洋天堂！

这些惊喜似乎还不够，更远的地方，一条有点像鳟鱼的鱼从水中蹿出，仿佛飞了起来，迅速地逃离了我们的航线。索菲亚告诉我们，这是飞鱼，它会把鱼鳍当作翅膀飞出水面，避开水下紧追不放的捕食者；当它狡猾地改变方向，再次潜入水中的时候，捕食者早已被它甩开了。

船开始减速，最后停了下来，安德烈亚斯把锚抛了下去。除了米奇斯留在船上，其他人都戴着潜水面罩和脚蹼跳下了海！为了把鱼吸引过来，米奇斯向水里扔了些面包屑。

面包屑引来了好多好多鱼，在海底还有一只大章鱼，瞬间就藏进了沙子里。我们在水里玩了很久，回到船上时，大家都已经筋疲力尽，却十分开心。

这时米奇斯、安德烈亚斯和索菲亚突然讲起了希腊语，像是在商量什么……索菲亚给我们解释说："安德烈亚斯的爸爸想让你们看一些东西，虽然不那么美好，却很重要，会让我们反思很多事情。"我们同意了。发动机重新启动，我们到达小岛，开始了环岛游，看到了许多小海湾和一些岩洞。然后我们进入了其中一个岩洞，为了不碰到洞顶，我们都低着头。岩洞里的景色太美妙了，所有的岩石上都覆盖着贝壳。

"哪里不美好了？"迭戈问。

不久，船又进入了另一个岩洞，我们看到了大片漂浮的垃圾：瓶子、盘子、棉签、餐具，还有各种各样的塑料碎片……这景象实在太令人难过了！

米奇斯神色悲伤地说了一段话，索菲亚翻译给我们听："你们看到的就是旅游业带来的真实的负面影响。海流会把垃圾都聚集在这里以及旁边的岩洞里。希望夏天结束的时候，海浪还没有把它们全都冲到海里，那时我们会与热爱这片海域的年轻志愿者们一起，用水泵和网清理这里的垃圾。"

我们也感到很难过。

回去的时候，我们决定把我们协会的名字改成"海洋和陆地的朋友"，大家还决定明天一起清理通向沙滩的小路，因为迭戈看到小路两旁的树丛里也有很多垃圾。

自然之友

早上 8 点整，在阳光变得过于强烈之前，我们和索菲亚一起开始清扫垃圾，每个人都戴着手套，拿着垃圾袋。大家分工合作：我负责捡玻璃和金属，他们分别负责捡纸张、塑料和不可回收垃圾。

我们住的公寓前面的广场有 3 条路通向海滩，我们需要决定从哪条路开始打扫。

索菲亚认识岛上所有的路，于是画了下面这张图：

信息中心 我们的公寓
咖啡店
索菲亚
的家
医疗
中心
垃圾箱

她用箭头标出了一条路线："你们觉得这样走行吗？我觉得这样最合适——我们不会漏掉任何一条路，也不会重复走同一条路。"

我突然想起了去年在暑假数学班上学过的欧拉路径。对，这也跟数学有关！这种便于我们打扫的路线，除了起点和终点外，其余的路口都连接着 2 条或者 4 条道路，也就是偶数条路！这样一来，无论我们从公寓前面 3 条路中的哪一条开始打扫（为清楚起见，上图中只标注了一种走法，即从公寓的最右侧道路出发），都会经过全部路段，且不会重复经过同一条路。你试试看就知道了。

我们收集了很多废纸和被风刮到树丛里的塑料袋，还有4个玻璃瓶及2个酸奶罐。说到酸奶，迭戈说他妈妈不想再买8个小罐装的酸奶了，她说同样是1000克酸奶，如果装在一个大罐里，可以少用很多塑料。大家争论了起来。为了确定谁是对的，我们决定去超市买一罐125克和一罐1000克的酸奶，然后再分别称一下两个罐子的重量。迭戈很满意，他说："关于垃圾，最大的问题是商品的包装数量在大幅增加。这是我从电视节目《拯救我们的星球》里看到的。"

　　就在我们专心致志地做环保工作，马上就要完成清扫任务时，大自然在一片灌木丛中展现了它神奇的一面：一只乌龟正慢慢地朝着一堆石子爬过去。安德烈亚立即放下了手里的垃圾袋，一把把乌龟抓在手中……"太棒了，现在它是我的了，我要把它带回意大利！"

　　索菲亚见他那么兴奋，耐心地等他把话说完后，才开口劝他："如果别人没有征求你的意见，突然就把你从你熟悉的环境里带走，带到一个很远的地方，一个没有你同类的地方，再把你关进一个房子里，你想逃也逃不掉，你觉得自己会快乐吗？"

安德烈亚没有让我失望，他认真想了一会儿，回答："你说得对……不如我们放它走，然后跟着它，看看它会去哪儿，你们觉得怎么样？"

我们同意了，因为这样就变成了一次有意义的自然观察活动。但乌龟在爬了很短的一段路后，就钻进了一个石洞里，消失不见了。我们会回来找它的，希望那时还能见到它。

一个不错的游戏

到达海滩后，我们直接把捡到的垃圾扔进了垃圾箱。附近一把遮阳伞下坐着一个美国家庭，他们用赞赏的眼光看着我们，这让我感到很骄傲，两个"小海盗"也很有成就感。

之后我们立即下海玩了一会儿，又去凉棚下休息。休息了还不到 10 分钟，索菲亚就提议玩一个新游戏——井字棋。迭戈从来没有玩过，于是索菲亚给他解释了游戏规则。

规则是这样的：两个人选定自己的符号（圈或者叉），然后轮流填入下面的空白格里。谁能先让自己的符号 3 个连成一条直线，横着、竖着或者斜着都行，谁就赢了。

我试着跟她玩了一次。她在中间画了个圈，我在右边画了个叉：

然后她在右下角画了个圈，为了阻止她把三个圈连成线，我就在左上角画了个叉：

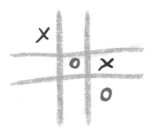

这时，她走出了制胜的一步：她在左下角画了个圈。我就要输了，因为她接下来有两种方法可以让3个圈连成线：在对角线或者第三行中间画圈，而我只能阻止其中的一种可能。

迭戈明白怎么玩了，游戏正式开始。有时候，直到游戏结束，两个人都没办法把自己的符号3个连成一条直线，就会打成平手。索菲亚说，如果想有一个赢家，除了平局以外，每一组都必须要玩奇数局，比如3局。

"是的！"安德烈亚非常赞同，"有时候，为了不吵架，我们需要偶数，比如你要跟人分糖的时候；还有些时候，我们需要奇数，比如比赛或者组织评委团的时候。"弟弟是个真正的毕达哥拉斯派，对他来说，一切都是数字，每个数字都有自己的特质。

下面就是比赛安排，我们每个人都会先后与其他人比赛：

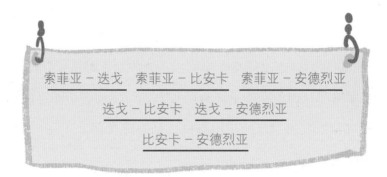

索菲亚－迭戈　索菲亚－比安卡　索菲亚－安德烈亚
迭戈－比安卡　迭戈－安德烈亚
比安卡－安德烈亚

一共是 3+2+1=6 场比赛。6，又是一个三角形数！

就在我们马上要开始比赛的时候，安德烈亚斯来了，索菲亚就邀请他一起玩。于是，她在比赛安排表上又加上了一行：

安德烈亚斯－索菲亚　安德烈亚斯－迭戈　安德烈亚斯－比安卡　安德烈亚斯－安德烈亚
索菲亚－迭戈　索菲亚－比安卡　索菲亚－安德烈亚
迭戈－比安卡　迭戈－安德烈亚
比安卡－安德烈亚

一共 10 场比赛！一个倒着的四象！这简直就是一场为了纪念毕达哥拉斯而组织的比赛。

安德烈亚斯赢得了 4 场比赛，我们并没有感到很惊讶，因为从第一场比赛开始，我们就知道谁会是冠军。又过了一会儿，安德烈亚斯不得不离开，因为他要去船上找他的爸爸。迭戈和安德烈亚也走了，因为他们想去找乌龟。我和索菲亚下海去跟大人们会合，索菲亚的妈妈也在，她曾是一名游泳冠军。

他们藏着什么秘密?

我们回到公寓的时候，安德烈亚和迭戈还没有回来。直到很晚的时候他们才回来，浑身上下都是土，看上去还有些不安。爸爸妈妈问他们，是不是遇到了麻烦，或者有什么烦恼。安德烈亚不想让我们担心，说道："找乌龟的时候，我们钻进了一条地道，才会搞得这么狼狈。"

"那乌龟呢? 你们找到了吗? "妈妈边给他们递水边问。

"没有，明天我们再去找。"安德烈亚干巴巴地回答，然后就没再说别的了。

晚饭后，爸爸妈妈提议到小镇中心散步，听一场音乐会，再逛逛岛上卖特产的小摊。我马上就同意了，但奇怪的是，那两个"小海盗"却想待在家里。
市场上有很多卖点心的小摊，尤
其是蜂蜜做的点心，因为萨摩斯岛
上有很多养蜂人。有个摊主还展示
了蜂箱，里面的蜂巢上有蜂蜜在滴
答着。

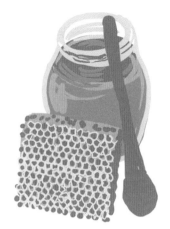

　　妈妈告诉我，蜜蜂是很聪明
的，她在一本科学杂志上读过，蜜蜂在采蜜的时候会选择最
短的线路，在建造蜂巢的时候也会选择用最合适的形状——
正六边形来筑巢。其实还可以选择等边三角形或正方形，因
为这两种图形也很适合用来铺满平面，但正六边形是最省蜂
蜡的！

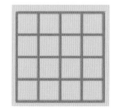 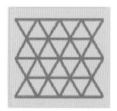 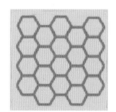

　　妈妈还讲了另外一件事，这件事是我从来没想过的，而
且我听了很难过。她说，因为人们在农作物上喷洒杀虫剂，
世界上蜜蜂的数量已经越来越少，可能 75% 的蜜蜂都已经消
失了。这个问题很严重，因为蜜蜂除了能给我们提供蜂蜜，

还是花儿最重要的授粉者，而只有授了粉的花儿才能结出果实！

最后，我们买了两罐蜂蜜、一包包装上印着毕达哥拉斯的饼干和一个陶罐。卖陶罐的小摊上还有一句用意大利语写的话："亲爱的游客，请不要把瓶瓶罐罐带到萨摩斯岛来，而是把萨摩斯岛的陶罐带回家！"

我们到家时，两个"小海盗"已经睡得很熟了。

怎样才能赚大钱

第二天天气很差，又是刮风，又是下雨。我们不得不窝在屋里写假期作业。我复习了希腊历史，两个"小海盗"也做了习题，我觉得他们的习题还挺有意思。在学校里，他们认识了一些很特别的自然数——质数，比如下面这些用一行珠子表示的数，它们只能被自身和1整除。迭戈说，正因如此，他管它们叫硬汉数。

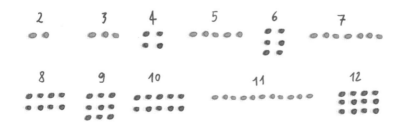

其实他说得还挺有道理。比较一下：4、6、8或9这些数可以被平分成数份，排成长度相同的几行；而2、3或11

这些数，就是黄色的那些，不能平分。

这些黄色的自然数就是质数。把质数相乘，就能组成合数（大于 1 的自然数若不是质数，则称之为合数），像这样：

$$4 = 2 \times 2 \quad 6 = 2 \times 3 \quad 8 = 2 \times 2 \times 2$$

$$9 = 3 \times 3 \quad 10 = 2 \times 5 \quad 12 = 2 \times 2 \times 3$$

在学校里，他们用一个古老的方法找出了 50 以内的所有质数，这个方法是一名叫埃拉托色尼的希腊科学家发现的。这些质数是：

2, 3, 5, 7, 11, 13, 17, 19, 23, 29, 31, 37, 41, 43, 47

他们今天做的习题，就是把 50 以内的合数写成质数相乘的形式。你也可以试试，不难的。

下午的时候我去了海滩，在那儿遇到了索菲亚，她也是刚刚才到。当时她正在画暴风雨中的大海。她连画画都很出色！

我告诉她，我把另外那两个家伙留在了家里，让他们专心致志地研究质数。她马上补充说，质数之所以很重要，还有另一个原因：我们可以利用质数来设定密码，能大大提升密码的安全性。"况且，"她总结说，"谁能找到一个之前没有被发现的质数，就能挣几百万欧元！"

回家后，我把这件事告诉了那两个家伙。他们刚从外面踢完球回来，正在洗自己的衣服，因为衣服上都是泥和汗。他们非常感兴趣，为了能够早日找到未知的质数，他们晚饭后就开始练习了：他们开始找 50 到 100 之间的质数。最后他们一共找到了 10 个。你也试试吧。

装饰幻方

　　安德烈亚和迭戈一直惦记着那只乌龟。每天早上，他们都会把前一天晚上摘掉不要的生菜叶子、削下来的苹果皮和公寓附近的杂草装在一个篮子里。每次我和爸爸妈妈直奔海滩的时候，他们都会在半路停下来找"阿福"——这是他们给那只乌龟起的名字。让我有点不开心的是，我怀疑他们不想让我参与。如果我硬是要停下来，他们就会用一副不耐烦的样子看着我，除非我走开，不然他们就什么都不干。

　　好在我也有自己的"阿福"，就是索菲亚，我俩特别合得来。我正帮她设计游戏和谜题。她要把幻方装饰一下，给每个幻方都加上一个蝴蝶结。她有很多长60厘米或40厘米的丝带。她决定把这些丝带都剪成段，每段一样长，而且要尽可能长一点，所以，最后每一段的长度都是20厘米。我们出色地完成了任务！

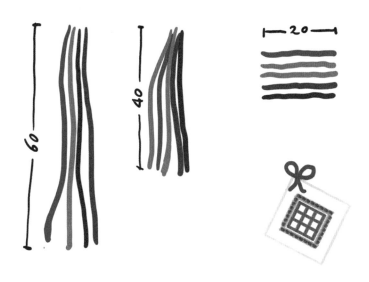

　　旁边遮阳伞下的美国游客向索菲亚要了 5 个幻方，一共捐了 15 欧元给数学大会。

　　索菲亚很认真，把这些全都记在本子上。这一周，她一共送了 20 个幻方给海滩上的人，募集到了 46 欧元。我马上就算出平均每个幻方募集到了 2 欧元 30 欧分。

　　这很简单：我先把 46 除以 2，得到 23，然后再除以 10，就得到了 2.3，这样我很快就算出了 46 除以 20 的结果。这个方法真是太巧妙了！

我的发现

　　我可以确定，那两个家伙肯定藏着什么秘密。我们到达海滩之后很久他们才到，还全身都是土，就好像刚从哪个地洞里钻出来一样。问他们去哪儿了，他们说在两块岩石间的缝隙里找到了乌龟，但随后马上就换了话题，生怕被追问更多。真是的，搞得这么神秘！

　　这时，索菲亚提议一起下海游泳。叫卡罗尔和杰克的两个美国小孩也加入了我们。在水里玩了好一会儿之后，我们开始了一场3个女生对3个男生的6人排球比赛。我们打得很辛苦，好在女生最终还是赢了。这场比赛成功地浇灭了安德烈亚的气焰。我们回到凉棚下面后，选戈向索菲亚问了他最关心的问题——质数。他问她，知不知道怎么才能找到未知的质数，赚到大钱。于是，我们用索菲亚爸爸的电脑在网上搜索"质数"。

当我们读到，目前数学家找到的最大的质数有几百位时，我们瞪大了眼睛，互相看了看，终于明白这件事对我们来说有多么遥不可及……原来这个世界上真的有"质数猎人"存在。

但安德烈亚没有放弃，他又找到了一件可以赚大钱的事，也和数学有关：有一条还没有被成功证明的法则，谁能够最先证明，就能得到一大笔奖金！这条法则是这样的：任何一个大于 2 的偶数，都可以写成两个质数之和。这是 18 世纪的德国数学家哥德巴赫提出的。从那时起到现在，虽然人们还没有发现不符合这条法则的偶数，却也没有人能够证明这条法则总是成立。所以，这条法则现在仍只是一个猜想，也就是一种假设，而不是一条定理。

安德烈亚充满热情地对迭戈说："将来我们成功证明它的时候，要让报纸这么写：

我们发现了！

任何一个大于 2 的偶数，

都可以写成两个质数之和！

然后，他们试着写出了一些偶数。你也来试一下吧，把 50 到 100 之间的偶数用两个质数的和来表示。这是个让我们开动脑筋的好办法。

参观引水隧道

今天我们要去参观古代的地下引水隧道。大多数到萨摩斯岛游览的游客都会前去参观。

安德烈亚和迭戈坚持要先去市场买两把可以玩沙子的铲子。这两把铲子必须得比普通的铲子大，因为他们想在海滩上搭建一个大工程。只有一家卖园艺用品的摊位上有这样的大铲子，但只剩下一把了，另外一把要等摊主下一次出摊的时候才买得到——他们每三天出摊一次。

旁边一个卖电子用品的摊位也吸引了两个"小海盗"的注意，他们商量了一下，决定买两个头灯，就是地质学家用的那种。真不知道他们要拿它来干什么，爸爸妈妈也同样不理解。不过头灯已经卖完了，摊主说下次来市场的时候会带过来，他们是每两天出摊一次。妈妈马上就很明确地告诉他们，我们来萨摩斯岛是为了享受海边时光，而不是为了逛市场，所以，我们是不可能再来两次的。

终于，我们到了地下隧道的入口，这条隧道连着小岛的两端。负责讲解的是一个男生，他用意大利语给我们介绍了尤帕利诺斯的绝妙设计。尤帕利诺斯就是 2500 年前设计这个隧道的建筑师，他的想法简直太天才了！设想一下：两队工人同时从岛的两端向中间挖，这两条隧道很有可能无法相交。于是，尤帕利诺斯想，如果两队工人一直沿着直线挖，很有可能会挖出两条平行的隧道；但如果他们从某个点开始不再挖直线，而是拐一个弯，朝着同一个方向继续挖掘，那么，他们就一定会相遇①。只是拐弯的角度一定要大于直角，这样的角叫作钝角。

安德烈亚和迭戈聚精会神地听着讲解，还很认真地看示意图。

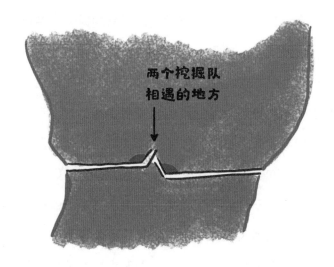

两个挖掘队
相遇的地方

①实际情况更为复杂：为了确保两端能顺利对接，尤帕利诺斯还给两条隧道分别设计了竖井，在挖掘时要确保两条竖井在同一水平面上。

这位叫亚历克西斯的讲解员越讲越起劲。他告诉我们，引水隧道被发现于 19 世纪，要不是伟大的希腊历史学家希罗多德（他也生活在萨摩斯岛上，但生活的年代比毕达哥拉斯晚）在自己的书里很热忱地描述了它，引水隧道就不会被发现。看得出来，亚历克西斯很为他的同胞感到骄傲。最后，他问我们，学校放假的时候我们是否也会去历史古迹当志愿者。这倒是个不错的主意！

地下隧道的长度超过一千米，准确地说是 1036 米，但我们只能参观第一段，后面的部分不对外开放。这里真是太值得参观了！因为它的艺术性和重要性，这条隧道被列入了《世界遗产名录》！

回家的路上，安德烈亚建议我们六天后再去市场，这样他们一次就能买齐铲子和头灯了。爸爸妈妈同意了。

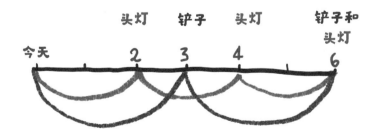

他们的秘密

 下午我们去了海滩，那两个家伙马上就用铲子挖了个大坑，坑底还涌出了水。他们很激动，用桶从海里捞了点小鱼放到坑里，小鱼有点惊慌地在水中游来游去。他们还试着像尤帕利诺斯设想的那样，从两端开始，同时向中间挖一条隧道。他们成功了，真的很厉害！他们在挖的过程中，还有几个小朋友跑过来好奇地围观，然后在自己的遮阳伞旁重复了这个实验。

 我还以为之后我们会跟索菲亚一起下海游泳。没想到，把沙坑里的小鱼放回海里后，安德烈亚和迭戈问爸爸妈妈他们是不是可以先回家，因为他们想在半路上找乌龟。

 可等我们回到家时，却没有见到他们，也没有在半路上碰见他们。爸爸妈妈马上派我出门寻找。我在发现乌龟的那个路口附近找到了他们，当时，他们正小心翼翼地从两块岩石的夹缝里爬出来。

"你们在那里面做什么？太危险了！你们也太没有安全意识了！"我大喊道，他们看到我，显得很惊讶。

于是他们不得不坦白了他们的秘密，还有为什么这些天他们表现得这么奇怪。原来，他们在找乌龟的时候，发现了一条铺满了碎石的地道，地道通向一个很黑的洞穴（这就是为什么他们需要铲子和头灯！），他们觉得那里面一定藏着什么秘密。

我认为他们必须把这件事告诉爸爸妈妈，只有大人在场时，他们才能再去地道里面探险。但他们的态度很坚决：即使再也不能去地道里探险，他们也不想让任何人知道这个秘密，还央求我不要说出去。

如果他们向我保证，不会再独自钻地道，我倒是可以不告诉爸爸妈妈。至少目前是这样……

可能是希望得到原谅，回到家后，他们安安静静地待在一边设计数学题，准备把这些题目带给索菲亚。

这个是弟弟出的题：除了第一个数，每个数都是前一个数通过某种规则算出来的，猜一猜这个规则是什么（答案见p143）。

a. 1 2 4 8 16 …

b. 1 3 7 15 31 …

c. 1 2 5 14 41 …

迭戈有 3 个姐妹，他出了一道像是专为自己设计的题。

有 3 个姐妹，大姐的年龄是二姐的 2 倍，二姐的年龄是小妹的 3 倍，她们的年龄加起来是 20，请问 3 个姐妹的年龄分别是多少？

10 年后，她们的年龄的总和又是多少？

然后，我也问了他们一个简单的问题：如果我一共要喝 4 次糖浆，每隔半小时喝一次，从第一次喝开始，要多久才能喝完？

你们不会相信的：他们两个全都答错了！（答案见 p143）

市民马拉松

市民迷你马拉松的海报已经贴出来好几天了，马拉松将于下周日上午 10 点举行。可惜我们没有训练过，所以这次只能当观众了。旁边遮阳伞下有两个男生准备参加比赛，这几天，他们一直在岸边做往返跑训练。

索菲亚给我们讲了"马拉松"这个名字的由来。这是我第一次听到这个故事，它太动人了，充分体现了希腊人对自己的城市的爱，所以我要把它写下来。

公元前 490 年，在一个叫马拉松的小镇，希腊军队英勇地击退了波斯军队的入侵。年轻的传令兵菲迪皮茨为了尽快向雅典报告胜利的消息，便向雅典跑去，以免雅典人放火烧了自己的城市（为了不把它留给敌人）。他用尽全力奔向雅典，到达雅典后却只来得及说出"我们胜利了"，就不幸去世，因为他的心脏再也无法承受——他跑了很远很远的距离，超过了40千米！索菲亚还告诉我们，在他死去的两天前，就在战争开始前，为了向斯巴达人求救，菲迪皮茨还跑着往返于雅典和斯巴达之间，全程约500千米。

对于我们这些生活在数字时代的孩子来说，这件事简直难以想象！今天，人们在任何时候都可以通过手机跟地球另一边的人交流，甚至还能和对方视频！我的数学老师一定会说："我们都应该感谢数学，因为没有数学，就不会有计算机。"她不会放过任何宣传她最爱的这门课的机会。

就在索菲亚讲故事的时候，我们看到了亚历克西斯，就是在引水隧道当讲解员的那个男生，他也在为马拉松比赛做准备。安德烈亚和迭戈马上跑过去跟他一起训练。半小时后，他们一起回到了遮阳伞下，安德烈亚和迭戈还给了亚历克西斯一杯柠檬水。亚历克西斯告诉我们，马拉松比赛的确切长度是42195米（42.195千米），但下周日的迷你马拉松比赛全长只有10千米。去年的冠军是一名18岁的意大利游客，他一共用了47分钟跑完全程，也就是每千米只用4.7分钟。说出来你们可能都不信，一听到这个数，我弟弟马上就说："也就是4分钟42秒。"

他发现我露出难以置信的表情，就解释说："只要把十分位上的数乘以6，就能得到对应的秒数。因为1分钟等于60秒，60的十分之一是6秒，所以0.7分钟（7个十分之一）

就是 7×6=42 秒。"

　　亚历克西斯又说，上一届在柏林举行的马拉松比赛的最快纪录是每千米用时 2.9 分钟。我把小数点后面的 9 乘以 6，就得到了 2 分 54 秒。实在是太快了！因为如果只是跑很短的距离，保持很快的速度倒不是太难，但如果跑的距离很长，过一会儿你就没力气了，只能慢慢地跑，可能还会因为太累不得不停下来。

　　亚历克西斯要回去继续训练了，跟我们道别前，安德烈亚和迭戈问他希腊的钱币能值多少钱——不是现在我们熟悉的欧元硬币，而是博物馆里陈列的那种古代钱币。（他们的关注点也太奇怪了！）亚历克西斯不知道该怎么回答。

神奇的钱币

　　亚历克西斯回去继续训练了，我们下海畅快地游了一会儿，我还学会了从高处的礁石往下跳水。

　　回到索菲亚的凉棚下后，她又说起了钱币。她说，她不知道古代的硬币究竟值多少钱，因为它们是非卖品，跟陶罐、雕塑还有其他考古发现一起被陈列在博物馆里。如果我们想知道古代雅典钱币——德拉克马的样子，很简单，只要看一下希腊的1欧元硬币就行。所有欧元硬币的其中一面都是代表欧洲的图案，在使用欧元的国家都是这样：

而硬币另一面的图案，每个国家都不一样。希腊1欧元的硬币上有一只猫头鹰的图案，跟古代德拉克马的其中一面的图案一模一样。猫头鹰是女神雅典娜的神兽。

安德烈亚和迭戈立即交换了一个眼神，一副很高兴的样子，然后两人一边说着什么一边走开了。

我在书包里找了找，找到了一枚从意大利带来的1欧元硬币，上面的图案如下所示，非常有名哟！

这是一个人站在一个正方形里，两只手臂完全张开，意思是他的身高等于他双臂张开后双手手指尖之间的距离。于是，我跟索菲亚找了一根绳子，互相量了一下，真的是这

样！我们准备拍几张张开双臂的照片，然后把这些照片放在正方形的相框里！如果仔细看，还能看到图上的人双腿分开，双臂微微举起，整个人都在一个圆里，肚脐还正好在圆心上。

回家后我上网查了一下，原来意大利硬币上的图案来自达·芬奇的画作《维特鲁威人》。这个名字来自古罗马著名建筑师维特鲁威，他在达·芬奇之前就画过这样的图案。

安德烈亚在网上找到了古代德拉克马另一面的图案，上面是雅典娜的脸。

他和迭戈非常开心，还高兴地唱起了歌："我们发财了，我们发财了。"好吧……

奥运会的发源地

今天，爸爸妈妈带我们去了另外一个海滩，这个海滩小多了，是一个只有几把遮阳伞的小海湾。两个"小海盗"开始不是很乐意，因为这里只有鹅卵石，并没有沙子。但这里的海水蓝极了，戴着潜水面罩下海后，我们可以看到到处都是贝壳、海藻和鱼的海底。索菲亚也来了，现在我们的关系越来越好。我们又说到了亚历克西斯，她觉得如果他继续训练，也许将来有一天，他可以参加更加重要的比赛——奥运会的马拉松比赛，也许还能夺冠呢。

她跟我们说，奥运会是希腊送给世界的另一份很棒的礼物。过去我并不知道奥运会的名字源于奥林匹亚——一个希腊城市。那里曾经有一座著名的宙斯神庙，人们以宙斯的名义每 4 年举行一次运动会。神庙的入口有一座雄伟的宙斯像，

这座神像是世界七大奇迹之一。

索菲亚说奥运会非常重要，希腊人甚至记得第一次奥运会的举办时间，那是在公元前 776 年，罗马城还没有建立呢！

我们从网上查到，古代奥运会会持续数天，在比赛期间，所有的战争都会暂停。但后来情况就变了。

古代奥运会在持续了一千多年后中断了，就因为它是献给非基督教的神灵的。真是太可惜了！到 1896 年，它才以现代奥运会的名义重新开始。

从那以后，除了两次世界大战期间奥运会暂停举行（可惜被暂停的是奥运会，而不是战争），通常都是每 4 年举行一次，而且举办年份正好是闰年。可惜因为新冠肺炎疫情，2020 年的奥运会被推迟到 2021 年举行。

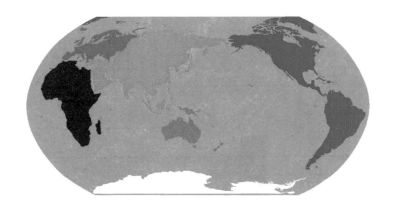

奥运会的标志由五个彩色圆环组成，代表世界的 5 个大洲。其中没有南极洲，因为没有人在那里永久居住。

大洋洲·非洲·美洲

亚洲·欧洲

从奥运会重新举办以来，在奥运会马拉松比赛中获得最多金牌的是欧洲。除了在 1896 年赢得冠军，希腊就再也没有赢过了。所以，如果亚历克西斯真的能赢得金牌，那会是一项巨大的成就。

这个图表是我们在网上找到的，到目前为止，大洋洲还没有在奥运会马拉松比赛中获得过金牌。

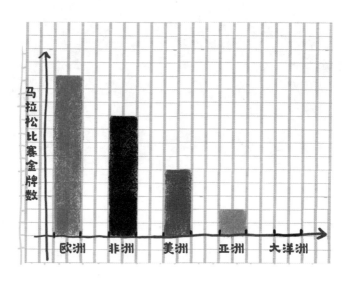

太阳落山时，我们又下海游了一会儿。我和索菲亚都希望明天还能再来这里。我们原来想用水下相机拍一些照片，却把它忘在家里了，真可惜。但安德烈亚和迭戈却提醒爸爸妈妈说明天是第六天，该去市场买铲子和头灯了。

又来到了市场

时隔五天，我们又来到了市场。安德烈亚和迭戈终于买到了他们想要的东西，真是高兴极了。

爸爸妈妈像往常一样到处翻阅古书籍。他们找到了一本个人传记，这个人的名字很难记，我记得好像是阿里斯塔克。他也是萨摩斯岛人，是第一个提出地球围着太阳转的人。这个观点跟其他古代人的观点正好相反。他真是了不起！

妈妈在那本书里读到，正是因为这样，月亮上的一个陨石坑，还有一颗小行星，都是以他的名字命名的。有这么多重要的人物都在这个小岛上生活过，这件事让我感到十分惊奇。这时妈妈又说，还有一位著名的哲学家也出生在萨摩斯岛上，他的名字叫伊壁鸠鲁。他曾说过，最重要的事就是学会知足，这样你就能摆脱欲望，远离痛苦，就会感到幸福了。

我同意他说的，并据此创造出一条格言："如果你感到满足，你就会感到快乐。"

市场上还有卖乒乓球拍的，售价 7.99 欧元，将近 8 欧元，因为只比 8 欧元少一分钱！小商贩特意这样定价，就是希望人们只注意到小数点左边的数，觉得比 8 欧元更划算，在心理上产生"左位效应"。但我们可不会上他的当，我们懂得思考，知道它真正的价格是多少。

在学校，我们还做过四舍五入的练习，即把带小数点的数四舍五入成整数。如果小数点后的第一位数小于 5，就把小数点之后的部分都去掉，像这样：

$$7.4 \approx 7 \qquad 10.3 \approx 10 \qquad 235.45 \approx 235$$

如果小数点后的第一位数大于或者等于 5，那么在去掉小数点之后的部分时，还要在个位上加 1：

$$21.63 \approx 22 \qquad 105.5 \approx 106 \qquad 9.71 \approx 10$$

这样四舍五入得到的整数，就是最接近之前那个数的整数。虽然它没有那么精确，却更易于被人们理解和使用。

我们一共买了 4 个乒乓球拍，其中一个是给索菲亚的，这样我们就能一起玩了。我们可以在海滩上打乒乓球，也可以在公寓门廊下打，那里有一张很适合打球的桌子，不用安装球网就能打。讲完价后我们一共付了 30 欧元，也就是每只球拍 7.5 欧元。跟往常一样，安德烈亚不到一秒就算出来了。他解释说，30 除以 4 时，可以除以 2 再除以 2，这样就能迅速地算出来了。

午后的沙滩时光

回到家后，我们吃了点番茄和菲达奶酪（一种我们很喜欢的希腊奶酪），然后就收拾东西准备去海滩。两个"小海盗"把球拍放进了装着铲子的背包里，却把头灯留在床上很显眼的地方。（也许是为了让我放心，特意给我看的。）

索菲亚收到球拍时很开心，跟往常一样，她马上组织了一场比赛：她和安德烈亚对我和迭戈。两个"小海盗"第一次变成对手……哈，这个主意真不错！

不过，为了不打扰在遮阳伞下午睡的人，我们必须等到下午3点才能开始比赛。

在等待的过程中，我和索菲亚在一个谜题网站上找到了几道很有意思的数学题：

· 需要将至少多少个连续的自然数相加，才能确保它们的和是奇数？

· 需要将至少多少个连续的自然数相加，才能确保它们的和是偶数？

· 3 个连续的自然数的和是否总能被 2、3 或 5 整除？

（答案见 p145）

两个"小海盗"专心致志地在一旁搞水利工程：他们在靠近岸边的沙地上挖了个大坑，坑里灌满了水，水里放了几只纸折的小船；他们对着小船吹气，看谁能让小船跑得更快。

下午 3 点整，乒乓球比赛准时开始，战斗很激烈。

最后，索菲亚和安德烈亚赢了，但我们输得也很光荣：我们只输了 1 分！

之后，我们一起跳下水，向小岛游去。

上岸后，两个"小海盗"带着铲子，到沙滩上靠近小树林的树荫下建造一项"伟大的工程"。

索菲亚和我则更喜欢躺在浴巾上晒太阳。我发现索菲亚在数学方面真的很有天分！任何东西都能让她联想到数学，她也不放过任何给别人讲解数学知识的机会，她甚至能在自己的方形浴巾上发现数学规律！

我帮她把正方形浴巾叠好放回包里的时候，她提醒我注意，如果把浴巾对折 4 次，我们会得到一个小正方形，而这个小正方形的面积，正好是浴巾总面积的十六分之一！

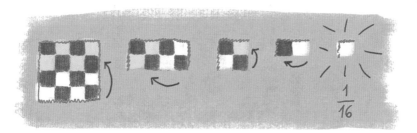

$$\frac{1}{16}$$

　　我们又跑去给遮阳伞下面的爸爸妈妈出题——他们正在那里看书，还跟另一对意大利夫妇聊天。开始他们有点放不开，只有妈妈和索菲亚的妈妈会回答问题。后来，大家都慢慢地投入到了答题比赛中，还轮流展示了他们的数学技巧。

一个了不起的发现

过了一会儿，就在大家还在拿数学智力题互相开玩笑的时候，我扫了一眼小树林附近，想看看两个"小海盗"在哪儿，却发现他们不见了。我又看了看周围，没看到他们的身影。我问大人我能不能先回家，他们同意了，叮嘱我要注意安全。告别了索菲亚，我沿着小路走回家，一路上都没有碰到他们。回到家后，看到他们还没回来，我开始担心了。接着我发现床上的头灯不见了，也不在家里的其他地方，于是我更加担心了。我急忙赶到之前发现的密道入口，看到那里堆了很多土渣。

我脑中出现了很多很可怕的想法！我真要被他们气疯了！

我完全不知道该怎么办：是去叫爸爸妈妈过来，还是在情况变得更糟之前，先进去阻止他们？

冲动之下，我决定先进去找他们。我跪下来，把头先伸进夹缝里，然后一点一点地慢慢往前蹭，等到了一个能把身子稍稍直起来的地方，我才终于能抬头看看前面了。但这里实在太黑，我什么都看不见！又过了一会儿，我看到了他们头灯发出的光，还听到安德烈亚试着让我冷静下来的声音："比安卡，我们在这里，你小心别摔着！"

这时，我眼前出现了一幅不可思议的景象，我什么责备的话都说不出口了！就在我前面往下一点的地方，有两个精美的带装饰画的双耳瓶，周围还散落着一些古钱币，似乎在那里已经放了几个世纪了！

他们说得没错，这条地道的确通向一个神奇的洞穴！真是一个了不起的发现！这都要感谢那只乌龟。

看到我一脸惊奇的样子，安德烈亚鼓起勇气说："早就跟你说过这里有宝藏！我们要发大财了！罐子太大了，我们带不出去，但钱币可以。只要爬下去的时候不滑倒，我们就能捡到。这么做你同意吗？"

他说完我就明白了，其实他并不像自己说的那样肯定。他直直地盯着我，仔细观察我的表情，想知道我是怎么想的。这时，迭戈又问了一遍："说吧，你怎么看？"

"我不同意。我认为我们不应该拿这里的任何东西，而应该马上通知当地政府，通知市长和博物馆馆长，让他们小心谨慎地带走并保管这些伟大的发现。"我说道。

他们沉默了，一时间四周安静极了！他们互相看了对方一眼，什么也没说。

他们继续用头灯照着周围，灯光让这处神奇的古迹显得更加壮丽。终于，安德烈亚做出了决定，他说："好吧，我们现在回家，把这件事告诉爸爸妈妈，他们会给我们建议的。"

我用手机拍了张照片，然后我们一个接一个地慢慢爬出了地道。我们沿着小路往家走，没走多远，就碰到出来找我们的爸爸妈妈。他们一脸担忧，问道："你们为什么不回家？还有比安卡，你不是说要回家吗，怎么会在这里？而且浑身都是土。现在告诉我们，到底出了什么事？"

我给他们看了照片，安德烈亚和迭戈则说了自己是怎么跟着乌龟发现了这个全是宝藏的神奇山洞。爸爸妈妈听完感到非常惊讶。

回到家后，爸爸妈妈上网查了一下当地市长办公室的地址和接待时间。我们准备明天就去见市长。

爸爸妈妈还收集了一些关于萨摩斯岛陶器制造业的信息。这是当地古老的传统。在过去，人们生产了很多很多的陶器。陶器对他们来说非常重要，可以用来储存和运输粮食、油还有其他食物。但只有一部分陶器是带装饰画的，我们在山洞里见到的就是这种。

晚饭后，我们去找索菲亚，把一切都告诉了她。她听了非常激动。

在市长办公室

早上 11 点整，市长接待了我们。刚见到我们的时候他有点惊讶，但听到了我们的发现之后，他看向我们几个小孩的目光中便充满了钦佩，还跟我们握了手。市长叫来他的同事们，用希腊语解释了事情的经过，让他们走过来跟我们握手，还特意感谢了爸爸妈妈。他们又说了一会儿话，然后打电话给博物馆馆长，最后大家约定好今天下午 3 点在我们的公寓碰面，到时再一起出发去山洞。

索菲亚在市政府外面等着我们，她和她爸爸下午会来帮我们翻译。

下午 3 点，一队专家和博物馆馆长一起，准时来到了我们的公寓。馆长想看一下我拍的照片。看得出来，她也感到十分惊讶和激动。我们带着他们来到了地道的入口，在那里，他们拍了很多照片。为了防止外人进入，他们还在周围拉起了一圈橘黄色的网。刚开始，安德烈亚和迭戈有点担心，他们怕有了网，乌龟就无法进出它的巢穴了；但看到网眼比乌龟还大不少之后，他们就放心了。

做完这些，他们就暂时停止了。从明天开始，他们会拓宽地道的入口，然后进去取陶罐和钱币。索菲亚的爸爸将馆长的赞美和感谢翻译给我们听。离开前，她转向安德烈亚和迭戈，特意用意大利语说："你们很棒，应该给你们颁个奖！"那两个家伙开心极了，还互相眨了下眼睛。

真是令人激动的一天啊！后来，我们一起去了海滩，跟爸爸妈妈畅快地游了一通。真希望挖宝工作能在我们离开前完成，可惜，我们离开这里的日子越来越近了……

马拉松比赛

今天是这个月的最后一个周日，是举办市民迷你马拉松比赛的日子。参赛者将于上午 10 点从主广场起跑。比赛开始前，我和索菲亚先去宝藏山洞看了一下，想知道那里的工作进展如何。

只见几个工人拿着镐和铲子正在拓宽山洞的入口，一名政府的女工程师在遥控一个小相机，让它进入最窄的地方拍照。她可能认出了我们，很友好地向索菲亚询问我们叫什么名字。

我们不一会儿就离开了，因为那里不允许外人停留。

这时广场上已经来了很多人，运动员出发的时候，观众中爆发出热烈的掌声。我们还看到了亚历克西斯，但他一直目视前方，没有注意到我们。

45 分钟后，我们看到他最先跑到终点，把其他人远远地甩在了后面！这一幕简直太令人开心了，我永远都不会忘记！

"我早就说过他会拿冠军！"索菲亚在人群中喊道。人们鼓着掌，想和冠军近距离接触。亚历克西斯浑身是汗，朝我们看过来，露出了微笑。其他的参赛者也陆陆续续地到达终点，他们都累坏了，其中有个男生还光着脚……又过了一会儿，市长将亚历克西斯领上主席台，给他颁发了奖杯，乐队也奏起了动听的音乐。

我们又在那儿待了一会儿，满心希望亚历克西斯能过来和我们打个招呼。但他身边围满了家人和朋友，大家都不愿意放他走。于是我们离开了，去海边跟爸爸妈妈会合。路上迭戈和安德烈亚一刻不停地商量着运动计划。他们决定要开始训练，然后参加我们市里举办的下一届马拉松比赛。安德烈亚斯也在海滩上，他跟我们一起下海游了很久。索菲亚给他讲了山洞的事，他听完也很吃惊。他的爸爸让他转达了对我们的问候，还对我们成立环保协会的事特意提出表扬。

游完泳后爸爸妈妈先回家了，我们到索菲亚的凉棚下做数学题。有一道题挺好玩的，是索菲亚从网上找到的：在一场比赛中，参赛者能用多少种方式到达终点？

如果有两名运动员，比如安德烈亚和迭戈，很明显，一共可以用两种不同的方式到达终点：安德烈亚先到，迭戈后到；或者迭戈先到，安德烈亚后到。像这样：

安德烈亚、迭戈，或者迭戈、安德烈亚

但如果有 3 名运动员，比如安德烈亚、迭戈和我（比安卡），那么，一共可以用多少种方式到达终点？索菲亚说有 6 种。今天晚上我会试着把它们都写出来。你也来试试吧。（答案见 p129）。

回家的时候，我们路过了地道口，工人们已经走了。透过橘黄色的网子，我们看到入口已经被拓宽了。谁知道呢，也许那些珍贵的文物已经被安全地运到了博物馆里……太可惜了，他们搬的时候我们没在场！

特别报道

快到家时，我们听到爸爸在阳台上喊："快点快点！刚刚新闻里说，马上有一则关于考古新发现的特别报道！"

我们立即冲进门，刚好看到在山洞入口前录制的特别报道。太好了！我们终于看到了那两个已经被清理干净的陶罐，它们被摆在博物馆陈列厅的展示座上！一块红布上还摆着那些古代钱币。太令人激动了！报道里说的是希腊语，但我们听到报道里提到了"意大利人"，谁知道他们究竟说了什么……

新闻刚结束，索菲亚就打来了电话。她很骄傲地告诉我们，记者说，这次的发现主要归功于两个意大利男孩和一只乌龟。她还说，萨摩斯岛为了感谢这两位有公民意识的年轻人，明晚 7 点将在主广场举办一场典礼。安德烈亚和迭戈幸福地拥抱在一起，又过来拥抱了我。

"谢谢你给我们的建议。我们什么都没拿真是太对了！"弟弟这个善良的"小海盗"在我耳边低声说道。

晚饭后，一想到我们马上就要离开了，我就有些难过。真不想离开索菲亚啊……谁知道我将来什么时候才能再见到她呢。

于是我决定写一张字条，明天交给她。

"亲爱的索菲亚，能跟你成为朋友真是太棒了。你带我们认识了你的家乡——萨摩斯岛上的许多地方，还教给我们许多你热爱的数学知识。真心希望你能和你的爸爸妈妈一起，早日来意大利找我们。然后我们会一起参观克罗托内——另一个毕达哥拉斯居住过的城市，这样我们就又能在一起了。"

爸爸看了我写的话，给我出了一个很棒的主意：我可以按照几何书上的说明，从书里剪下五张彩色的卡片，然后把它们折成下图中的五种多面体，作为我们友谊的象征——我们五人组每人一个，用来纪念这个难忘的假期。而最让人兴奋的是，最早研究这五种多面体的人正是毕达哥拉斯！

正四面体	立方体	正八面体	正十二面体	正二十面体
迭戈	安德烈亚	安德烈亚斯	比安卡	索菲亚

它们叫作正多面体，因为构成这些多面体的每一个面的边和角都是相等的。在这些正多面体中，我们熟悉的立方体的面是由 6 个正方形构成的，而其余 4 种正多面体的面是由等边三角形或者正五边形构成的。最特别的是，除了上面列举的这 5 种，就没有其他正多面体了！它们是如此与众不同！

我觉得这个礼物真是再好不过了！

我刚刚把它们包好，萨摩斯岛的市长就打来了电话，邀请我们去参加明天的典礼。真是太荣幸了！

礼物

今天早上我们最后一次去了海边。路过山洞入口时，我们还特意看了一下乌龟在不在。可惜它没有出现，也许是这几天的动静把它吓坏了，它找到了更安全的巢穴。太可惜了，我们还想跟它道个别，再给它拍张照片留作纪念呢！

索菲亚和安德烈亚斯已经到了，在沙滩上等着我们一起下海。但我想在下水前先把礼物送给大家。收到礼物时他们非常开心。让我们惊喜的是，他们也有礼物回赠。安德烈亚斯送给我们每个人一个漂亮的贝壳，每个贝壳都不一样。

索菲亚要等游完泳后才能把礼物分给大家。她说是因为这个礼物很特别！

我们一直游到了可以跳水的礁石前，大人们也游了过来。我们举行了一场跳水比赛，赢的人当然又是安德烈亚斯，他甚至成功完成了转体跳水，跟跳水运动员的动作一模一样！

回到凉棚下后，索菲亚让我们闭上眼睛，围着桌子坐下。我们听见她在每个人的前面摆弄了一会儿。然后她说："一，二，三，大家可以睁眼了！现在是特别的点心时间！"

我们每个人面前都摆着两块巧克力，它们大小相等，但上面的图案各不相同，像这样：

她解释说："这是我用特殊的模子做的。看到了吗？每块巧克力上都有 4 个三角形，它们的大小都一样，而且它们都是直角三角形，因为它们都有一个直角。现在，大家听我指挥：吃掉每块巧克力里的 4 个三角形，留下剩余的部分。"

我们很高兴地把两块巧克力掰开，然后吃掉了 8 个三角形（非常好吃）。吃完后，我们等着索菲亚给出下一步指示。

"现在，你们思考一下，然后告诉我：如果一个人吃了第一块巧克力中剩下的两个正方形，另一个人吃了第二块巧克力中剩下的唯一一个正方形，那他们吃的巧克力一样多吗？"

"当然了！剩下的巧克力虽然形状不一样，但大小是一样的！"迭戈马上回答。

"好，现在，你们把这 3 个正方形摆成这样。

"你们看，这个形状多好看！它甚至还被宇宙飞船送上了外太空。如果外星人真的存在，人们希望外星人能发现它并由此认识勾股定理：在一个直角三角形中，如果用它的每条边各创建一个正方形，则最大的正方形的面积等于较小的两个正方形的面积之和。这也是我送给大家的礼物，为了纪念我们一起度过的这个假期。这是我在读一本爸爸从意大利带回来的书的时候想到的。"

从各种意义上来说，这都是一份甜蜜的礼物！我们吃掉了剩下的巧克力，为了表达感谢，还拥抱了索菲亚。我给了她我写的字条，她非常感动。她向我保证，她一定会全力说服她的爸爸妈妈，让他们带她去意大利。

我们还约好了一起去广场参加典礼。

一个美丽的惊喜

午饭后，我们清空了所有的衣柜，开始收拾行李。明天一大早我们就要离开了，好难过啊……

直到我们穿上了自己最好看的衣服，准备参加典礼的时候，大家的心情才稍微好了点。接着我们来到了广场。广场上人很多，还放着好听的希腊音乐。市长已经到了，正在跟博物馆馆长和其他人说话。他看到了我们，把我们叫到身边，然后向其他人介绍说："这就是那几个了不起的意大利年轻人。"此时，主席台后面的大屏幕上还循环播放着陶罐和钱币的照片。真是太好看了！

我们想等索菲亚和她的爸爸妈妈来了再开始举行典礼，因为想让他们给我们当翻译，但他们一直都没出现。真奇怪……又过了一会儿，时间已经不早了，市长就问在场的人有谁能翻译意大利语，一位女士举起了手。他决定不等了，马上开始举行典礼。

索菲亚不在让我觉得好可惜，而且我也有点担心。

市长、博物馆馆长、带回了陶罐和钱币的那位女工程师和翻译，还有我们的两个"小海盗"一起走上了主席台。大家热烈鼓掌。我们坐得很靠前，可以看到安德烈亚和迭戈很激动，俩人甚至还有点腼腆……

　　市长拿起话筒说："多亏了这两个优秀的男孩，以及我们岛上一位可爱的小居民——一只普通的乌龟，让我们的博物馆又增添了珍贵的新文物。作为萨摩斯岛的市民代表，我很荣幸地宣布……"他的话还没说完，索菲亚就跑了过来。更神奇的是，她手里还拿着那只乌龟！

　　市长立即让她走上了主席台。她向下面的观众展示乌龟，观众们立即鼓起掌来，就像看到了明星一样。乌龟有一点不安，索菲亚轻轻抚摸着它的龟壳。等人们都安静下来后，市长继续说："我在此非常荣幸地向大家宣布一个由市议会通过

的决定：安德烈亚和迭戈充分展示了他们对希腊艺术以及萨摩斯的热爱，从今天起，他们将成为萨摩斯岛的荣誉市民！"话音刚落，市长又亲自颁发了证书。

随着希腊国歌响起，全场爆发出热烈的掌声！

这是一个多么难忘的假期啊！

附录

趣闻、游戏和一些习题（很简单的！）

一个难忘的假期

这是西方的乘法口诀表①，如果有人不知道，可以看下图！这个表格很简单却很有用，表格上面列出了从 1 到 10 任意两个整数相乘的积。

x	1	2	3	4	5	6	7	8	9	10
1	1	2	3	4	5	6	7	8	9	10
2	2	4	6	8	10	12	14	16	18	20
3	3	6	9	12	15	18	21	24	27	30
4	4	8	12	16	20	24	28	32	36	40
5	5	10	15	20	25	30	35	40	45	50
6	6	12	18	24	30	36	42	48	54	60
7	7	14	21	28	35	42	49	56	63	70
8	8	16	24	32	40	48	56	64	72	80
9	9	18	27	36	45	54	63	72	81	90
10	10	20	30	40	50	60	70	80	90	100

1	2	3	4	5	6	7	8	9	10
2	4	6	8	10	12	14	16	18	20
3	6	9	12	15	18	21	24	27	30
4	8	12	16	20	24	28	32	36	40
5	10	15	20	25	30	35	40	45	50
6	12	18	24	30	36	42	48	54	60
7	14	21	28	35	42	49	56	63	70
8	16	24	32	40	48	56	64	72	80
9	18	27	36	45	54	63	72	81	90
10	20	30	40	50	60	70	80	90	100

观察一下表格中黄色的对角线，它就像一面镜子，把表格一分为二。这也让我们明白了一件很重要的事：乘数和被乘数的位置是可交换的，比如 2 × 3 = 3 × 2！

有意思的是，如果你用第二个表中任意一个正方形中心

①在意大利，乘法口诀表被称为毕达哥拉斯表。但实际上，这个表格并非这位大数学家的杰作，而是在他出生 1000 多年后才被发明出来。

的数乘以 4，得到的乘积与这个正方形顶点上的 4 个数（如红色标出来的）之和是相等的。

试着在表格里找到类似的例子吧。你还可以利用这一点给你的朋友出题。

第二天早上

3 月 14 日是国际数学日，因为按照盎格鲁 – 撒克逊记法，月份要写在日期之前，这个日期就写作 3.14。它与一个非常重要的数的前三位相同，这个数叫作 π，表示任何一个圆的周长与其直径的比值。在这一天，你也可以在你的学校里组织一场数学大会！

1. 下面的这些正方形中有一个不是幻方，请找出来：

8	3	10
9	7	5
4	11	6

A

13	6	11
8	10	12
9	14	7

B

6	7	2
1	5	10
8	3	4

C

2. 请把下面的幻方补充完整：

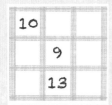 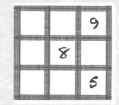 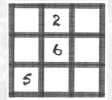

（答案见p139）

第三天

在下面的幻方中：

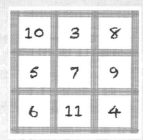

把行和列中的数交换一下位置，就能得到不同的幻方，像
这样：

6	11	4
5	7	9
10	3	8

**上下两行
数交换位置**

8	3	10
9	7	5
4	11	6

**左右两列
数交换位置**

10	5	6
3	7	11
8	9	4

**行和列中的
数互相交换**

91

你还可以给每个数都加上或者减去相同的数。

1. 如果你都加上 4，那么新的幻和增加了多少？

2. 第 10 页中魔鬼幻方的最大幻和是多少？

下面这个正方形也非常特殊！ ①

人们能够用不同的方式解读它包含的拉丁词语。

---

①图为萨托方块，其中包含五个拉丁词语。其出现时间可追溯至古罗马时代，甚至更早。五个词分别是 SATOR（农夫），AREPO（人名阿雷波），TENET（拥有），OPERA（工作、劳作），ROTAS（轮子或者转动）。将它们连成句，可以有多种方法，如"农夫阿雷波已经令轮子转起来""农夫阿雷波已经用犁耕作过了"，按照另一种语法也可以解读成"农夫阿雷波费力地握着轮子"。

试着去网上搜索一下它们的含义吧.

毕达哥拉斯学校的入学仪式

正如索菲亚所说，毕达哥拉斯曾在海边露天授课。他用被海水冲刷过的小卵石向门徒们展示数的各种特性，正如安德烈亚斯展示三角形数时所做的那样。

石子在计数中发挥着非常重要的作用，实际上，在数字被发明之前，人们用石子表示数量：每个石子代表一个要计数的元素。这就解释了意大利语中的calcolare（计算）一词为什么源自拉丁语中的calculus（石子）。

四象也译作"圣十"，它由10个石子组成。10这个数对我们人类来说非常重要，因为我们的手和脚都有10个指头！这就是为什么我们数数的时候总是喜欢以10为单位。这也是为什么我们现在使用的阿拉伯数字由10个符号组成（0，1，…，9）。这让我们想起英语单词digit（手指，数字）源于拉丁语中的digitus（手指），因为手指是计数的工具，所以它也有数字的意思。

随着信息技术的到来，除了十进制数外，还有逢二进一的数，称为二进制数，只由 0 和 1 组成，从第一位开始，每一位分别对应 1，2，2×2（4），4×2（8）……从 binary digit（二进制数）这一表达衍生出了 bit（二进制的位，比特）以及 digital（数字的），这两个词在我们生活中已经很常见了，我们的世界正在变得越来越数字化！

以下为 0—10 对应的二进制数：

0000	0
0001	1
0010	2
0011	3
0100	4
0101	5
0110	6
0111	7
1000	8
1001	9
1010	10
⋮	⋮

请你继续往下写到 /5.（答案见 p140）

二进制数虽然写起来很长，但优点是可以只用两个符号表示。莫尔斯码也是一样，用开灯或关灯、旗子升起或者降下、电流通过或者不通过等等来传递信息。这正是计算机的工作原理！

没准儿我们能坐船出海呢！

数学家弗里德里希·高斯感叹道："Eureka！ Num ＝ Δ＋Δ＋Δ！"即任意正整数等于最多 3 个三角形数的总和。他这么说是想模仿另外一位伟大的数学家，也许是有史以来最伟大的数学家——阿基米德。传说阿基米德在浴缸中泡澡时，赤身裸体地从水中跳出并惊呼道："Eureka！ Eureka！"意思是："我发现了！我发现了！"他发现了一个非常重要的物理原理，根据这个原理，我们得以知道为什么轮船虽然是铁做的，却依然能够浮在水面上。因为船受到了水对其施加的向上的浮力，而这个浮力的大小等于被船排开的水的重力。

弗里德里希·高斯也是一位伟大的数学家，他小时候就发现了一个让老师震惊的天才方法，能用很短的时间计算出 1 到 100 之间的所有整数的和。（可以表示为一个边长由 100 个点等距离排列成的等边三角形，总和是 5050。）

在网上搜索一下高斯的这个绝妙的方法。

1. 写出 *100* 以内的三角形数。

2. 看一下你刚刚写的三角形数，你能解释一下为什么开头的两个是奇数，紧跟着的是两个偶数，之后又是两个奇数，然后又是两个偶数……就这样一直按照这个规律重复吗？

（答案见 p140）

现在我们来说说平方数。我们已经看到了（见 p15），从数字 1 开始，向下依次添加相邻的自然数，就可以得到能排成三角形的数。

现在，从 1 开始，如果我们依次只添加奇数呢？从下图可以看到，我们能得到排成正方形的数。

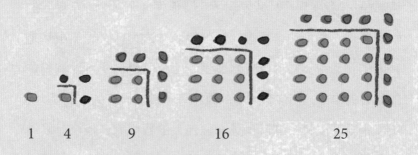

| 1 | 4 | 9 | 16 | 25 |

而把两个连续的三角形数相加，可以得到一个平方数。

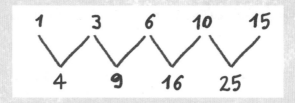

找一找这样的例子吧.

英明的泰勒斯

泰勒斯说得很有道理！你怎么才能判断一个东西是大还是小？我们需要将它与一个已知大小的同类物品作比较，正是这种比较，即与已知大小的关系，让我们发明了计量单位。

国际单位制简称SI，是世界上使用最广泛的单位制。国际单位制中，长度的基本单位是米（用字母m表示）。但是在盎格鲁－撒克逊国家，仍然存在另一个长度单位——英寸[1]，这可以追溯到人们用身体部位作为计量单位的年代，如英尺[2]、肘[3]等。一英寸比2.5厘米多一点点：

$$1 英寸 = 2.54 厘米$$

它多被用于描述电视和手机屏幕对角线的长度：

---

[1]英寸（inch），在很多语言中"英寸"和"手指"两个词语总是十分接近，如意大利语中"英寸"为police，即大拇指的意思，所以英寸这个单位最初可能来源于手指的宽度。
[2]英尺（foot），即脚的意思，等于30.48厘米，约为一个成年男子一只脚的长度。
[3]肘（cubit），也称为腕尺，是古老的长度单位，指手臂上由手肘到中指顶端的距离。长度在45厘米到55厘米之间。

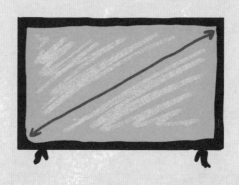

　　如今常见的手机尺寸是 6 英寸。如果你有一部手机，可以量一下它的对角线的长度是不是 6 英寸。

收入和支出

　　在有些地方，负整数也被称作"荒谬数"，因为看起来好像不能用来表示数量。但负整数在生活中非常重要，它能和正整数一起用来表示具有相反意义的两个量，比如支出和收入。正负整数和零组成了所有整数的集合 Z。Z 是德语单词 zahl（数字）的第一个字母。下面是一些我们会用到的负整数的例子。

- **我的银行账户透支了，余额是 -150 欧元。**
- **在海底 -60 米处发现了一个希腊双耳瓶。**

· 今天特别冷，温度只有 -5 摄氏度。

· 我在地下停车场 -2 层找到了一个停车位。

完成下列幻方，再任意设计一些不同的幻方。

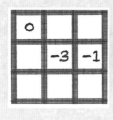

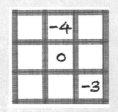

（答案见 p140）

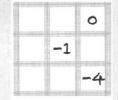

新潜水面罩和脚蹼

如果能够快速地心算出百分数会非常方便！这里有一些诀窍，我们先从最简单的开始。我们可以随便想一个数，比如 240。

计算它的 10%。10% 就是十分之一，所以 240 的 10% 就是 24。反过来，我们也可以很容易地算出 240 的 90%，即用 240 减去 24，得到 216。

计算它的 50% 也很简单，就是 240 的一半，等于 120，有了这个数值，要算出 60% 也很容易了——只要加上 24 就行，即 144。

而 5% 是 10% 的一半，240 的 10% 是 24，所以它的 5% 等于 12。然后，我们还可以很简单地算出其他的百分数，比如240 的 95% 是 228。

25% 等于 100% 的四分之一，只要把 240 除以 4，就能得到 60。

任选一个数，练习计算这个数的百分数。

试着发明几个心算百分数的技巧。

1 海里的长度

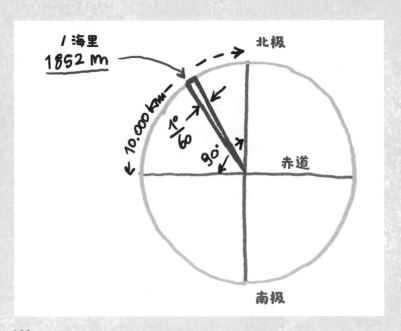

我们可以把地球看作一个球体，它的经线的长度约为20000千米（所有的经线均为半圆形），1海里就是中心角为1'（1分）——即1°（1度）的六十分之一——所对应的圆周上的圆弧长度。为了算起来更简单些，我们用圆周的四分之一——10000千米来计算，它对应90×60=5400个大小为1'的小角。所以，我们只需要把10000除以5400，得到1.85185千米，再四舍五入得到1852米。

探索海洋

节是表示船只（或者飞机）的速度的单位，即1小时航行1海里（1852米）：1852米/小时。用其除以1小时对应的秒数：1852÷3600=0.514，可以得出它大约等于每秒0.5米。

$$1 \text{ 节} = 0.5/4 \text{ 米 / 秒}$$

"节"这个名称是这样来的：为了测量船在水中航行的速度，人们会从船尾抛下一条拴着重物的绳子，绳子上每隔一段距离（大约15.5米）打一个结，然后用沙漏计时30秒钟，数一下在此期间有多少节绳子被放出。

飞鱼正濒临灭绝，它的速度可以达到每小时 69 千米，甚至可以离开水面移动 200 米！

速度很快的鱼还有以下几种：鲨鱼的速度是每小时 74 千米，剑鱼的速度是每小时 97 千米，而马林鱼的速度甚至可以达到每小时 110 千米。

1. 试着把上面几种鱼的速度换算成节。

陆地上跑得最快的动物是猎豹，在较短距离内，它的速度可以达到每小时 120 千米。飞得最快的鸟是游隼，它俯冲时的速度可达每小时 324 千米。

那我们人类的速度是多少呢？目前，跑得最快的人是尤塞恩·博尔特，他在 2009 年世界田径锦标赛百米赛跑中的速度达到了每小时 45 千米。

你跑 100 米的速度是多少？ 200 米呢？

2. 如果米奇斯的船航速是 15 节，那么，10 分钟它能够航行多远？

3. 如果整个行程往返一共是 12 海里，船以 8 节的速度航行，那么，船往返一趟要用多长时间？

（答案见 p141）

自然之友

下一页图中的路径被称为"欧拉路径"，是以数学家欧拉的名字命名的，他是第一个研究这个问题的人。当时，普鲁士哥尼斯堡① 的居民想在散步时不重复地一次性通过河上所有的桥，于是请欧拉来解决这个问题。

在网上搜索一下，了解这个故事的更多信息。

①如今是俄罗斯加里宁格勒州首府加里宁格勒。

欧拉的研究导致数学出现了一个新的分支,叫作图论。随着计算机的出现,图论变得尤为重要。

我们的小主人公在清扫垃圾时走的路线可以用下图说明:它有 6 个节点和 8 条边。

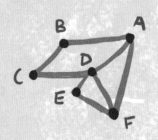

除了起点 A 和终点 F 连接着奇数条边(3 条)以外,其余的节点都连接着偶数条边。一个节点连接的边的数量称为这个节点的度。

在下图中,所有的节点都是偶数度节点,所以,从任意节点出发,可以一次性通过所有的路径,再回到这个节点。

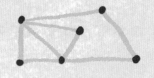

尝试走一下上图的各种路线。

如果把平面上被边划分的区域称作面，就能得到一个非常重要的公式，这也要归功于欧拉。公式是这样的——在每个图中：

$$节点数 + 面数 - 边数 = 2$$

在上一幅图中，一共有6个节点、4个面（包括图外面的面）以及8条边，所以：

$$6+4-8=2$$

可以在下面的三幅图中验证一下公式是否成立。

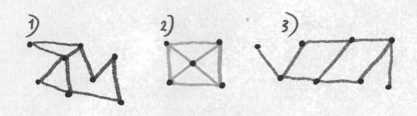

一个不错的游戏

为了组织井字棋比赛，我们列出了所有配对的参赛者的名字，最后算出的比赛局数是一个三角形数。所有两两对战的比赛都是这样的，比赛局数一定是一个三角形数！不光是比赛局数，参赛者之间两两握手的次数或者两两干杯的次数，也是一样的情况。实际上，我们这里讨论的是一些元素的集合（在我们举的例子里，元素是人），需要找到的是只含有两个元素的子集的数量（两两干杯、两两握手或者两两比赛）。

我们看一下几个朋友两两握手的例子：两个朋友握一次手，3个朋友握3次手，4个朋友握6次手……

请用线把每次握手的两个朋友连起来。

下次你跟爸爸妈妈或是朋友握手的时候，一定会让他们感到惊讶，因为你能预测你们之间握手的次数！

下面这个三角形是个特殊的三角形，它不是由石子而是由数组成的。它叫作塔尔塔利亚三角[1]，遵循这样的规则：每一行的开头和结尾都是1，其余位置上的数等于其左上和

_____

[1]在中国又称杨辉三角。

右上两个数的和。

$$1$$
$$1 \quad 1$$
$$1 \quad 2 \quad 1$$
$$1 \quad 3 \quad 3 \quad 1$$
$$1 \quad 4 \quad 6 \quad 4 \quad 1$$
$$1 \quad 5 \quad 10 \quad 10 \quad 5 \quad 1$$
$$1 \quad 6 \quad 15 \quad 20 \quad 15 \quad 6 \quad 1$$

1. 请用同样的规则写出下一行的数，你可以一直写下去，没有尽头！

更加令人惊喜的是，在塔尔塔利亚三角里也能找到三角形数，即每行的第三个数（除前两行）。

2. 你知道这是为什么吗？

3. 7个人两两握手，一共要握几次？

（答案见 p141）

他们藏着什么秘密？

你知道吗，蜜蜂采蜜的路径繁多，但它们用我们未知的方式"思考"后，总会选择最短的路径！这种能力实在令人惊讶！从数学的角度看，这个问题叫作"旅行推销员问题"，因为在网上购物出现以前，那些挨家挨户卖东西的推销员总会选择最短的推销路线。

不幸的是，因人类破坏自然环境而受到影响的不仅仅是蜜蜂。由于污染问题，在过去的50年里，已经有三分之二的野生动物从我们的星球上消失了！

正多边形的定义是，各边长度相等，各内角度数相等的多边形。这里为什么要使用"相等"而不是"相同"？因为"相等"的意思是，如果把两条边、两个角叠在一起，能够完全重合。比如说，各边和各内角可能颜色不相同，却可以是相等的！几何语言是非常严谨的。在正多边形中，只有正三角形、正四边形和正六边形能无缝铺满平面。

用正五边形和正八边形试试吧.

我们现在学的几何被称为欧几里得几何，名字源自希腊数学家欧几里得。公元前300年左右，欧几里得整理了那个年代的所有知识后建立了几何学。从那时走到今天，欧几里得的《几何原本》已成为地球上阅读人数最多的科学图书。

怎样才能赚大钱

公元前 3 世纪，埃拉托色尼是埃及亚历山大图书馆的馆长。亚历山大图书馆是古代七大奇迹之一，那时羊皮纸还没有出现，文字都写在莎草纸上。亚历山大图书馆的藏书日渐丰富，因为途经亚历山大港的人都必须交出手里的书，抄写员会抄写一份，代替原作还回去。这听起来很奇怪，但实际上意大利在 1848 年通过了一条法律：每出版一本书，都要给国家图书馆上交两本同样的书。

我们所说的一卷书的"卷"就源自亚历山大图书馆，源自那里的一卷卷莎草纸。

埃拉托色尼不仅是一名图书管理员，还是一位精通多种学科的学者：他是数学家、天文学家、地理学家、诗人、哲学家等。有人称他是"五项全能"，有些人却恶意地称他是"Beta"，即希腊字母表里第二个字母 β 的音译，意思是虽然他懂得多，但没有哪个方面特别优秀。这简直大错特错，因为埃拉托色尼是第一个计算出地球周长和黄赤交角（地球公转轨道面与地球自转轨道面的交角）的人！

在网上搜索一下"埃拉托色尼筛法"，找出 50 到 100 之间的质数．

（答案见 p142）

有一些规则可以让合数分解变得更简单，比如一个数——

· 可以被 2 整除：偶数，即最后一位是偶数的数；

· 可以被 3 整除：所有数位上的数之和可以被 3 整除；

· 可以被 4 整除：最后两位是两个 0 或者是 4 的倍数；

· 可以被 5 整除：最后一位是 0 或 5；

· 可以被 9 整除：所有数位上的数之和可以被 9 整除；

· 可以被 25 整除：最后两位的数是 00、25、50 或 75．

根据上面的规则各列举几个例子，再用除法验算一下。

装饰幻方

索菲亚把长 60 厘米或 40 厘米的丝带都截成了长度相等的段，每段长 20 厘米。其实她也可以把它们全部截成长度为 10 厘米、5 厘米或者 2 厘米的小段，但因为她要把丝带打成蝴蝶结，所以丝带越长越好。

在这里，20 是 60 和 40 的最大公因数。

用下面这种方法可以计算两个或者多个数的最大公因数：将各个数分解为质因数（一个数的因数中，是质数的因数），然后将共有的（包括重复的）质因数相乘。以 60 和 40 为例：

$$60 = 2 \times 2 \times 3 \times 5 \qquad 40 = 2 \times 2 \times 2 \times 5$$
$$= 2^2 \times 3 \times 5 \qquad\qquad = 2^3 \times 5$$
$$(60, 40) = 2^2 \times 5 = 20$$

1. 请算出 *12*，*30*，*48* 的最大公因数.

这周索菲亚收到了 46 欧元，是她送出 20 个幻方的回报，也就是每个 2.3 欧元。而上周因为游客比较少，她送出了 10 个，共筹到了 17 欧元，也就是每个幻方平均 1.7 欧元。

2. 索菲亚能不能通过取两个平均数的平均值 *(2.3+1.7) ÷2*，然后说她平均每个幻方收到了 *2* 欧元？

（答案见 p142）

我的发现

六人分成两组进行排球比赛（三对三，不考虑场上位置），一共有多少种组合方式？

比赛一共有 *10* 种组合方式，请你把所有的组合方式都写在下面的表格里，可以用名字的首字母代表每个人[①]：

[①]B 代表比安卡，A 代表安德烈亚，D 代表迭戈，S 代表索菲亚，C 代表卡罗尔，J 代表杰克。

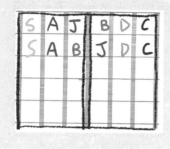
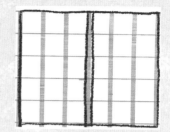

（答案见 p143）

所以，一共有 20 种 3 人小组、10 种比赛组合。

参观引水隧道

　　现在我们来讲一下角的测量及其相关的历史故事。比如说，为什么在测量角的时候，我们选择使用"度"——一个圆周角的三百六十分之一作为单位，而不是我们习惯的十进制系统？这就要回到过去，回到原始农业社会。那时人们以采集食物为生，刚刚开始发展农业，在河流附近定居下来耕种土地。在西方世界，这大约发生在 6000 年前，在底格里斯河和幼发拉底河之间的两河流域，那里的土地非常肥沃。为了更好地耕种土地，人们需要了解季节的更替。通过研究时间的规律，人们认为一年由 360 天组成，于是制作了一个带有 360 个刻度的圆形日历。

很久之后，天文学家发现，所谓的一年其实比 360 天长（今天我们知道，一年有 365 天 6 小时 9 分 9.54 秒），于是人们不再继续使用这个日历。但把圆分成 360 份的做法延续至今天。这就是为什么直角是圆周角的四分之一，等于 90 度！幸运的是，360 除去 1 和它本身还有 22 个因数，其中很多都被用来表示时间（一小时有几分钟、一天有几个小时、一个月有几天、一年有几个月等等）。

1. 请把 360 除去 1 和它本身之外的 22 个因数找出来.

在这些因数中，质数只有 2，3 和 5，所以 $360=2^3 \times 3^2 \times 5$。

在网上搜索一下引水隧道的历史，了解尤帕利诺斯如何设计挖掘方案，才能让从两端开始挖掘的两条隧道在中间相交.

在市场上，卖园艺工具的摊位每两天出一次摊，卖电子用品的摊位则是每三天出一次摊。这两个摊位什么时候才会在同一天出摊？答案是在 2 和 3 的公倍数的那一天，也就是第六天、第十二天或者第十八天……为了尽早买到东西，我们需要选择公倍数中最小的那一个，也就是第六天。这就是数学上的最小公倍数。

要计算两个或者多个数的最小公倍数，比如 12、15 和 40 的最小公倍数，可以用下面这种方法：先把这些数分解成质因数，然后把共有的（包括重复的）及不共有的质因数相乘。

$$12 = 2 \times 2 \times 2 \times 3 \qquad 15 = 3 \times 5 \qquad 40 = 2 \times 2 \times 2 \times 5$$

$$= 2^2 \times 3 \qquad\qquad\quad = 3 \times 5 \qquad\quad = 2^3 \times 5$$

$$[12, 15, 40] = 2^3 \times 3 \times 5 = 120$$

2. 算出 10、15、18 的最小公倍数。

（答案见 p143）

他们的秘密

像安德烈亚和迭戈设计的这种一系列的数叫作数列。下面是最著名的数列之一：

$$1, 1, 2, 3, 5, 8, 13, 21, \cdots$$

这个数列叫作斐波那契数列，以创造它的数学家的名字命名。它遵循这样的规则：从第三个数开始，每一个数都是前两个数之和。斐波那契创造这个数列，是想预测每个月月末，兔子窝里一共有多少对兔子：假设最开始只有一对刚出生的小兔子，过一个月，它们会长成一对可生育的成年兔子，再过一个月，它们会生下一对小兔子。就这样，每个月可生育的每一对兔子都会生出一对小兔子……

继续写出后面的十个数，并与网上的答案对照一下。

自然界中存在着很多斐波那契数的实例。例如，如果在公园里散步时捡到松果，你可以数一下松果上鳞片形成的螺旋：它们有的朝左边旋转，有的朝右边旋转。你会发现，这两种螺旋线的数量刚好是斐波那契数列中相邻的两个数：5和8，或者8和13。向日葵的花盘也是这样，花盘上两种螺旋线的数量分别是34和55。

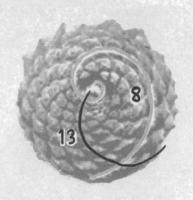

公元 1202 年，数学家斐波那契通过他的著作《计算之书》，将他从北非海岸学到的十进制计数法引入了欧洲。而这种计数法是北非海岸的阿拉伯人花了将近四百年时间，从印度人那里学会，并通过贸易往来及数学家阿尔·花剌子米（"算法"一词就来源于他的名字[1]）的重要著作广泛传播开来的。在此之前，欧洲人一直使用罗马数字。罗马数字写起来非常长，不能用于计算。

MCCXXXIV (1234)   MMMMMDC (5600)
MMMMCCCXXI (4321)[2]

只有在极少数情况下，罗马数字的写法才会比阿拉伯数字短。

请找出几个这样的例子。

市民马拉松

这里有一则关于马拉松的小趣闻：菲迪皮茨跑过的真实距离大约是 40 千米，而 1908 年在英国举办的奥运会上，马拉松比赛的距离为 42195 米。因为当时运动员从温莎堡出发，

---

[1] 算法的英文单词 algorithm 来自拉丁语中的 Algoritmo，是阿尔·花剌子米（Al Kuwarizmi）的变相音译。

[2] 罗马数字一共有 7 个基本符号，即 I（1）、V（5）、X（10）、L（50）、C（100）、D（500）和 M（1000）。

跑完全程时刚好抵达伦敦奥运会体育场的皇家包厢前。

1. 按照安德烈亚的方法，将用十进制表示的时间转换成分和秒的形式：

12.4 分钟　35.5 分钟　26.8 分钟

如果把小数部分转换为秒需要乘以 6，那么把秒转换成小数就需要除以 6，还需要将除得的结果四舍五入到小数点后一位。

2. 将下面的时间用十进制表示：

3 分 30 秒

15 分 42 秒

30 分 20 秒

40 分 34 秒

（答案见 p144）

神奇的钱币

德拉克马的历史可以追溯到公元前 6 世纪，是人类最早制造的货币之一。

在这之前人们以物换物，也就是相互交换价值相等的商品，比如我给你 30 瓶用双耳瓶装的油，你给我两头牛。交易的合约是一个空心的黏土球，球里面装着黏土做成的小物件，用来代表 30 个双耳瓶和两头牛。很有意思的是，今天在贸易中与货物相伴的文件——货单，在意大利语中跟"空心球"是同一个词。

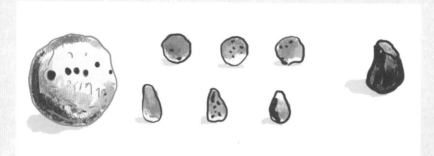

约公元前3000年，苏美尔人制作的黏土球和筹码，出土于苏萨，现存于卢浮宫。

以物易物的做法延续了几百年，但是它极其不方便。以刚才的例子来说，如果签约的一方改成提供 4 瓶油，就必须把原来的黏土球打破再重新做一个。于是，人们想到可以在球的外面刻一些符号来代表里面装的东西，表示数量的符号就这样诞生了。慢慢地，又过了一百多年，人们意识到其实并不需要在黏土球里装东西，于是将符号刻在简单的黏土板上。之所以经历了这么漫长的过程，是因为人们不想放弃使用实物（比如球里装的那些小物件，尽管它们跟交换的实物完全不同），而仅仅依赖于那些"危险"的抽象符号！

货币出现之前还流行过一种很特殊的物物交换的方式，使用的都是易于交换的物品，比如铁条、盐（盐被用于保存食物，与"薪水"一词同源[①]）或者绵羊（与"钱财"一词同源[②]）。

金属钱币后出现了纸币，之后又出现了虚拟货币。

把欧元兑换成美元或者把美元兑换成欧元时，都需要知道汇率是多少，而汇率每天都在变化。

假如今天 1 美元可兑换 0.85 欧元，算一下：

· 15 美元可以兑换多少欧元？

· 25 欧元可以兑换多少美元？

（答案见 p144）

奥运会的发源地

人们常说的"指数级增长"指快速、大幅度地增长，比

[①] "薪水"的英文单词为 salary，意大利语为 salario，均来源于拉丁语中盐的单词 sal。古罗马时期，盐有时候也被用来支付士兵的一部分薪水。

[②] 意大利语中"钱财"一词是 Pecunia，源自拉丁语中的 pecus，意为"小个的牲畜"。而绵羊一词是 pecora，也源自拉丁语中的 pecus，最初泛指小个的牲畜，慢慢演化为指代一种具体的动物——绵羊。

如疫情中病人数量的增长。以下图中的 2^3 为例，2 为底数，3 为指数，指数位于底数的右上角。指数表示底数与自身相乘的次数：

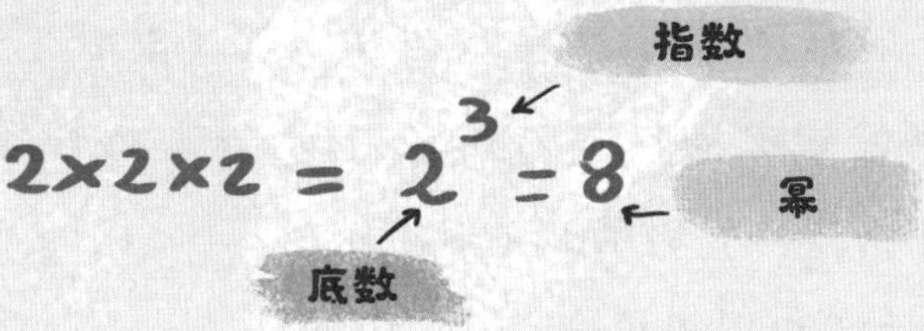

$$2×2×2 = 2^3 = 8$$

指数

底数

幂

以每小时能繁殖一倍的细菌为例，我们来算一下每过一个小时细菌繁殖的数量有多少，直至第二十四个小时：

$2^1 = 2$（个）

$2^2 = 4$（个）

$2^3 = 8$（个）

$2^4 = 16$（个）

$2^{24} = 16777216$（个），细菌总数超过了 1600 万！！！

在计算器上，有个专门的幂运算按键：

如果细菌每 30 分钟繁殖一倍（显然它们繁殖的时候没有遇到任何阻力），用计算器计算一下，一天结束时它们的数量有多少。

（答案见 p144）

用来统计各大洲在历届奥运会马拉松比赛中获得金牌数量的图（见 p62）叫作直方图。直方图直观有效，让人一眼就能看出数据分布的情况，因此在电视、报纸等媒体上被广泛使用。

发明这个重要工具的人是生活在 17 世纪的法国科学家和哲学家笛卡儿。借助他创建的坐标系，我们可以直观地了解一件东西在空间中的位置。

据说，有一天笛卡儿躺在房间的床上，看到一只苍蝇在天花板上爬来爬去。他想把苍蝇的具体方位告诉另一间房里的人，于是就发明了坐标系。玩过海战游戏的人都知道怎么使用坐标系！

数一数一天之内你在电视、报纸和广告上看到的直方图。

又来到了市场

任选集市或超市中的一个区域做个调查，观察 50 件商品中有多少件商品的价格是以数字 9 结尾的。

计算一下它们在 50 件商品中所占的百分比，再跟价格尾数是另一个数（比如尾数是 3）的商品的占比对比一下。

你会发现，价格尾数是 9 的商品的占比非常高，就像前文中解释的那样。

取近似值的方法是：要把一个数四舍五入到某个数位，就要看该数位右边的那个数，如果它小于 5，则该数位上的数不变；如果它大于或等于 5，则该数位上的数需加 1。无论是哪种情况，在四舍五入后，该数位右边的所有数都将变为 0。

需要四舍五入的数	要四舍五入到哪个数位	近似值
34.269	百分位	....
34.249	十分位	....
658.45	个位	....
658.45	十位	....
379426	百位	....
379426	千位	....
379426	万位	....

（答案见 p144）

午后的沙滩时光

以桌布为例，如果把它对折 4 次，对折后的面积就变成了原来的十六分之一。

1. 如果正方形桌布的边长是 3 米，把它对折 4 次后放进抽屉里，所占面积是多大？

2. 如果一条绳子长 2 米，把它对折 5 次，最后的长度是多少？

以上都是指数衰减的例子，关于指数衰减还有一个很有名的问题：池塘里生长着一种水生植物——睡莲，每一天睡莲叶覆盖的面积都会增加一倍。

3. 如果已知池塘面积，且最终睡莲叶正好覆盖了整个池塘，而我们知道睡莲在第二十天死去，那么在第十九天时，没有被睡莲叶覆盖的池塘面积是多少？

请你试着解一下在网上找到的这道题：

4. 字母 A、B、C 代表了三个数，它们可以是偶数也可以是奇数。而表达式 A × (2B – 1 + C) 只有在两种情况下是奇数，那么此时 A、B、C 分别是偶数还是奇数？

（答案见 p144—p145）

一个了不起的发现

古希腊盛产陶器。雅典甚至有一个地区叫"凯拉米克斯",即陶器的意思。人们会用陶车帮黏土塑形。陶车是一种装置,有上下两个转盘,被固定在一个垂直的轴上。陶艺工匠会把黏土放在上面的转盘上,用手给黏土塑形,同时把脚放在下面的转盘上,适当地踩踏转盘,使陶车转起来。

有学者认为这是人类最初使用转盘的场景。转盘能被其他动力牵引是之后的事了,后来齿轮又被发明了出来——你们肯定都在自行车上见过。

观察一下右边这张图:小齿轮叫主动轮,用来带动大齿轮,所以大齿轮叫从动轮。

1. 数一下它们有多少个锯齿，计算一下从动轮和主动轮锯齿的数量之比。

2. 如果主动轮转 3 圈，从动轮会转几圈？

（答案见 p145）

在市长办公室

在附录"一个不错的游戏"中，我们计算了同一组中几个人之间两两握手的次数。在这种情况下，每个人都分别与同组内的其他人握了手。现在我们要讨论的是一个 3 人小组与一个 5 人小组两两握手。在这种情况下，一共会握多少次手？

127

我们把3人集合用（1，2，3）表示，他们都来自市长办公室，而5人集合用（a，b，c，d，e）表示，他们是被市长接见的人。从下图中可以看出，他们一共握了15次手：

(1, a) (1, b) (1, c) (1, d) (1, e)
(2, a) (2, b) (2, c) (2, d) (2, e)
(3, a) (3, b) (3, c) (3, d) (3, e)

这里还有一个例子：3支意大利球队和3支法国球队争夺足球比赛的冠军，需要计算出所有比赛的场次。我们用1、2、3代表3支意大利球队，用a、b、c代表3支法国球队。

这个例子与两两握手不同的是，配对的顺序也很重要，因为（1，a）的比赛会在意大利举行，而（a，1）的比赛则在法国举行（即分为主场和客场）。所以，一共会举行多少场比赛？

（答案见p145）

马拉松比赛

下面的树形图帮我们列出了安德烈亚（A）、迭戈（D）和比安卡（B）这3名参赛者可能会有的6种到达终点的方式。

128

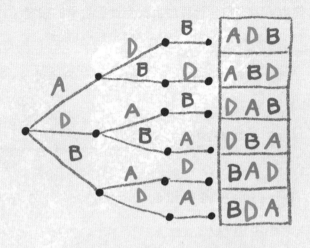

你能画一个树形图，列出 4 名参赛者所有可能
的到达终点的方式吗？这幅图一共有多少个分支？

在数学中，排列数是指对一系列对象进行排序的所有方
式的数量。如果有 n 个对象，则所有对象的排列数是 n 与小
于 n 的所有正整数的乘积。所以，四名参赛者就会有 4 × 3
× 2 × 1 = 24（种）不同的到达方式。

随着排列对象数量的增加，排列数也会以惊人的规模增
长。试想一下，如果要写出意大利字母表中的 21 个本土字母
所有可能的排列方式，且每写出一种方式需要 10 秒钟的话，
那么全部写完要花 1600 多亿年！

这就解释了为什么特殊的乘法运算符号——阶乘还带着
一个感叹号：$n!$。

你也可以在科学计算器上找到计算阶乘的按键。

1. 算一下，可以用多少种方式对 5 个不同的正方形进行排列。

2. 10 个不同的正方形呢？

举一些关于排列组合的实例。

（答案见 p146）

特别报道

这 5 个正多面体叫作"柏拉图多面体"，因为哲学家柏拉图在他的著作《蒂迈欧篇》中提到了它们，但实际上毕达哥拉斯创立的学派更早时就研究过了。

下面是五个多面体的平面展开图，请照着画下来，再剪下来做成立体模型。把它们放在书桌上会十分美观！

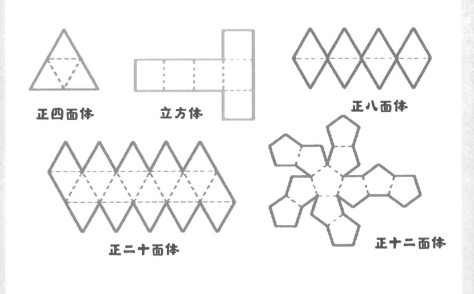

正四面体　　　立方体　　　正八面体

正二十面体　　　　　正十二面体

附录"自然之友"中提到的欧拉公式也适用于包括以上正多面体在内的凸多面体，只是几个术语的名称发生了变化：面的个数（F）+ 顶点的个数（V）- 棱的个数（E）始终等于2。

$$F + V - E = 2$$

用你身边的多面体验证一下这个公式。

礼物

想画一个世界上最漂亮的贝壳吗？这也要用到数学！在附录"他们的秘密"部分，我们提到了斐波那契数列。它不仅能告诉我们松果或向日葵花盘上螺旋线的数量，还可以帮助我们画出螺旋线，就像蜗牛壳或者鹦鹉螺壳上那样的螺旋线！

方法如下：使用斐波那契数列画出图 a（先画两个边长为 1 的正方形，然后依次增加一个正方形，使它的边长等于之前两个数字之和），然后画出圆弧并连成螺旋线，如图 b 所示。

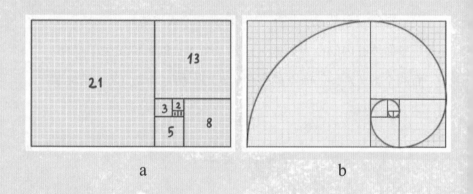

a　　　　　　　　b

你还可以把它做成一幅画，挂在你的房间里！

如果利用直角三角形的 3 条边创建其他多边形或类似的图形，勾股定理也仍然成立。

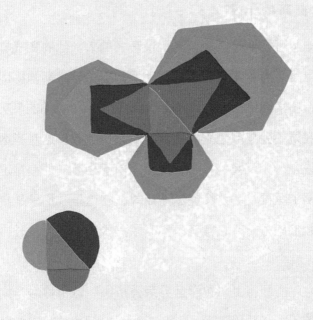

　　画一幅与勾股定理有关的图：以直角三角形的3条边为底边创建3个长方形，且长方形的高是底长的一半。

　　验证一下，以斜边为底边的长方形的面积是否等于另两个长方形的面积之和。你还可以把它装在画框里，做成一幅不错的装饰画。

一个美丽的惊喜

毕达哥拉斯是萨摩斯岛上最著名的人。他的名气与一个带点悬疑色彩的事件有关——他的门徒希帕索斯神秘地死亡了。希帕索斯是一个"罪人",他发现了一个可怕的事实:确实存在既不是整数也不能写成整数之比的数!这对毕达哥拉斯来说是一个沉重的打击,因为之前泰勒斯与他都肯定了数的比例的重要性。这个问题不简单,在这里我们只是希望它能激起你的好奇心,等将来你有了更多的知识储备时再回过头来了解它吧。

为了能配得上"数学世界荣誉市民"这个称号,你也可以准备一些谜题和习题,在明年3月14号由你发起的数学大会上与班上的同学们分享。

数学世界

向 ＿＿＿＿＿＿＿

授予荣誉

市民称号

泰勒斯

毕达哥拉斯

欧几里得

埃拉托色尼

阿基米德

花剌子米

斐波那契

塔尔塔利亚

笛卡儿

欧拉

高斯

习题答案

（包括附录及正文中的题目）

第二天早上

1. C

2.

10	5	12
11	9	7
6	13	8

11	4	9
6	8	10
7	12	5

9	2	7
4	6	8
5	10	3

正文中问题的答案：

3	8	7
10	6	2
5	4	9

第三天

1. 增加了 12。

2. 21

正文中问题的答案：

15	10	17
16	14	12
11	18	13

22	15	20
17	19	21
18	23	16

毕达哥拉斯学校的入学仪式

1011; 1100; 1101; 1110; 1111

没准儿我们能坐船出海呢！

1. 1, 3, 6, 10, 15, 21, 28, 36, 45, 55, 66, 78, 91

2. 将两个偶数或者两个奇数相加，得到的总是偶数；将一个偶数与一个奇数相加，得到的总是奇数。在三角形数构成的数列中，我们从一个奇数（1）开始，与一个偶数（2）相加，得到的结果是另一个奇数（3）；再加上一个奇数（3），结果就变成了偶数（6）；再加上一个偶数（4），结果还是偶数（10）；而接下来又加上了一个奇数（5），于是一直如此循环。

收入和支出

0	-7	-2
-5	-3	-1
-4	+1	-6

+3	-4	+1
-2	0	+2
-1	+4	-3

+2	-5	0
-3	-1	+1
-2	+3	-4

正文中问题的答案：

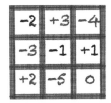

新潜水面罩和脚蹼

30.3 欧元

探索海洋

1. 换算成节的速度：飞鱼约为 37 节，鲨鱼约为 40 节，剑鱼约为 52 节，马林鱼约为 59 节。

2. 米奇斯的船 10 分钟能航行 4630 米（2.5 海里）

3. 一个半小时

一个不错的游戏

1. 1, 7, 21, 35, 35, 21, 7, 1

2. 因为第三个数是通过依次加上从 1 开始的连续自然数得到的。

3. 21 次

怎样才能赚大钱

53, 59, 61, 67, 71, 73, 79, 83, 89, 97

装饰幻方

1. 12、30、48 的最大公因数是 6。

2. 不能。因为每个集合元素的个数不同：第一周的集合有 10 个元素，第二周有 20 个。

所以平均值应为

$$（17 + 46）\div 30 = 2.1（欧元）$$

如果你想要利用两个集合的平均值求整体的平均值，需要将它们分别乘以其所属集合的元素的个数，再将这两个值相加，然后除以总个数：

$$（10 \times 1.7 + 20 \times 2.3）\div 30 = 2.1（欧元）$$

这个表达式被称为加权平均值。

我的发现

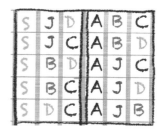

参观引水隧道

1. 2, 3, 4, 5, 6, 8, 9, 10, 12, 15, 18, 20, 24, 30, 36, 40, 45, 60, 72, 90, 120, 180

2. 10、15、18 的最小公倍数是 90。

他们的秘密

正文中问题的答案：

a）2 倍   b）2 倍 +1   c）3 倍 −1

· 3 个姐妹的年龄分别是 2 岁、6 岁、12 岁。10 年后她们的年龄之和是 50 岁。

· 这道题人们通常会回答"两小时"。而喝 4 次糖浆其实只需要一个半小时。

市民马拉松

1. 12 分 24 秒；35 分 30 秒；26 分 48 秒

2. 3.5 分；15.7 分；30.3 分；40.6 分

神奇的钱币

- 15 美元 × 0.85 = 12.75 欧元

- 25 欧元 ÷ 0.85 = 29.41 美元

奥运会的发源地

- 2^{48}，超过 280 万亿

又来到了市场

- 34.27；34.2；658；660；379400；379000；380000

午后的沙滩时光

1. 0.562 5 平方米，边长为 0.75 米

2. 6.25 厘米

3. 池塘面积的一半

4. A 是奇数，B 是奇数，C 是偶数；或者 A 是奇数，B 是偶数，C 是偶数

正文中问题的答案：

· 2 个

· 3 个

· 能被 3 整除，不一定能被 2 或 5 整除。

一个了不起的发现

1. 30 : 20

2. 转 2 圈

在市长办公室

18 场

马拉松比赛

1. 5! = 120（种）

2. 10! = 3628800（种）